Hadjira Ariba - Zekri

L'immunité et l'échappement parasitaire

Hadjira Ariba - Zekri

# L'immunité et l'échappement parasitaire

Cas de l'échinococcose (le kyste hydatique)

Presses Académiques Francophones

**Impressum / Mentions légales**
Bibliografische Information der Deutschen Nationalbibliothek: Die Deutsche Nationalbibliothek verzeichnet diese Publikation in der Deutschen Nationalbibliografie; detaillierte bibliografische Daten sind im Internet über http://dnb.d-nb.de abrufbar.
Alle in diesem Buch genannten Marken und Produktnamen unterliegen warenzeichen-, marken- oder patentrechtlichem Schutz bzw. sind Warenzeichen oder eingetragene Warenzeichen der jeweiligen Inhaber. Die Wiedergabe von Marken, Produktnamen, Gebrauchsnamen, Handelsnamen, Warenbezeichnungen u.s.w. in diesem Werk berechtigt auch ohne besondere Kennzeichnung nicht zu der Annahme, dass solche Namen im Sinne der Warenzeichen- und Markenschutzgesetzgebung als frei zu betrachten wären und daher von jedermann benutzt werden dürften.

Information bibliographique publiée par la Deutsche Nationalbibliothek: La Deutsche Nationalbibliothek inscrit cette publication à la Deutsche Nationalbibliografie; des données bibliographiques détaillées sont disponibles sur internet à l'adresse http://dnb.d-nb.de.
Toutes marques et noms de produits mentionnés dans ce livre demeurent sous la protection des marques, des marques déposées et des brevets, et sont des marques ou des marques déposées de leurs détenteurs respectifs. L'utilisation des marques, noms de produits, noms communs, noms commerciaux, descriptions de produits, etc, même sans qu'ils soient mentionnés de façon particulière dans ce livre ne signifie en aucune façon que ces noms peuvent être utilisés sans restriction à l'égard de la législation pour la protection des marques et des marques déposées et pourraient donc être utilisés par quiconque.

Coverbild / Photo de couverture: www.ingimage.com

Verlag / Editeur:
Presses Académiques Francophones
ist ein Imprint der / est une marque déposée de
OmniScriptum GmbH & Co. KG
Heinrich-Böcking-Str. 6-8, 66121 Saarbrücken, Deutschland / Allemagne
Email: info@presses-academiques.com

Herstellung: siehe letzte Seite /
Impression: voir la dernière page
**ISBN: 978-3-8381-4131-2**

Copyright / Droit d'auteur © 2014 OmniScriptum GmbH & Co. KG
Alle Rechte vorbehalten. / Tous droits réservés. Saarbrücken 2014

# Résumé :

L'Echinococcose est une zoonose cosmopolite causée par le stade adulte ou larvaire d'un Cestode appartenant au genre *Echinococcus granulosus,* famille des Taenidae, caractérisée par une croissance à long terme du métacestode (hydatide) au niveau de l'hôte intermédiaire dont l'homme représente une impasse parasitaire ( Zhang et *al.,* 2003).

La prévalence de l'echinococcose humaine est élevée dans tout le pourtour méditerranéen, son immunodiagnostic reste d'actualité dans la mesure où la chirurgie demeure à ce, jour l'approche thérapeutique la plus utilisée.

L'objectif de notre étude porte sur les points suivants :

1-La recherche des antigènes majeurs solubles (F5 et F4), des antigènes figurés isolés des protoscolex,et d'autres membranaires isolés de la membrane germinative et laminaire de l'hydatide.

2-La caractérisation biochimique et immunologique des antigènes purifiés.

3-L'étude de la production *in vivo* et *in vitro* du TNF-$\alpha$ et le monoxyde d'azote sous ces deux formes métaboliques stables ($NO_2^-$, $NO_3^-$) dans les surnageants de culture de PBMC induites par des effecteurs antigéniques et cytokiniques (IFN-$\gamma$).Ainsi que dans le liquide hydatique.

•Notre travail a été complété par l'évaluation de l'aptitude de l'expression de la NOS II sur le rat *Wistar*.

A travers notre étude nous avons pu identifier des antigènes communs au liquide hydatique, au Scolex, la membrane germinative et la membrane laminaire. Ces antigènes répondent au PM suivants : 67 kDa (F5) et 12 kDa (F4).

## Résumé

Nos résultats ont révélé une induction accrue de $NO_2^-/NO_3^-$ (211,3 +/- 57,2 µM) et du TNF-α (52,5 +/- 14,36 UI/ml) *in vivo* et *in vitro* sous l'action des effecteurs antigénique F5 (67kDa) et la F4 (12 kDa).

Ces antigènes ont été également identifiés au niveau des composants membranaires du kyste (Protoscolex, membrane Germinative et Laminaire).

Les systèmes d'induction établis en présence des deux effecteurs antigéniques ont montré une différence significative quant à la production des biomolécules testés NO (57 +/- 11,25 µM), TNF-α (83 +/- 26,8 UI/ml).

Le dosage du NO in situ a montré une relation entre le degré de fertilité du kyste et la teneur en $NO_2^-/NO_3^-$.

Les résultats obtenus relatifs à l'étude de la production du NO par les rats *Wistar* indiquent une relation dose dépendante entre toutes les effecteurs antigéniques et la biomolécule testée.

A la lumière de nos résultats, il apparaît une implication non négligeable du système Monocyte/Macrophage dans la réponse anti-hydatique, cette réponse serait régulée par le TNF-α et IFN-γ.

## Liste d'abréviations :

- **AA :** Acide aminé.
- **ATCC:** American Type Culture collection.
- **Ac :** Anticorps.
- **ADN :** Acide désoxyribonucléique.
- **Arg :** Arginine.
- **ARNm :** Acide ribonucléique messager.
- **BAR:** Bifunctional apoptosis regulator.
- **BH4:** Tétrahydrobioptérine.
- **BSA :** Bovin Sérum Albumine.
- **CARD :** Caspase recruitement domain.
- **CaM :** Calmoduline.
- **$Ca^{2+}$ :** Calcium.
- **CD :** Cluster of differentiation.
- **CMH I :** Complexe Majeur d'Histocompatibilité de classe I.
- **CMH II:** Complexe Majeur d'Histocompatibilité de classe II.
- **Con A :** Concanavaline A.
- **°C :** Degré Celsius.
- **$CO_2$ :** Dioxyde de carbone.
- **CREB:** AMPc regutatory binding protein.
- **DD :** Death Domain.
- **DO :** Densité optique.

## Liste d'abréviations

| | |
|---|---|
| **E.g :** | *Echinococcus granulosus.* |
| **ELISA :** | Enzyme-linked immunosorbent assay. |
| **ERK :** | Extracellular signal- regulated protein kinase. |
| **Fig.:** | Figure. |
| **F5:.** | Fraction 5. |
| **F4:** | .Fraction 4. |
| **FLIP:** | Flice- inhibitory protein. |
| **J :** | Jour. |
| **h :** | heure. |
| **IFN-γ:** | Interféron gama. |
| **Ig:** | Immunoglobuline. |
| **IL-:** | Interleukins-. |
| **IKK:** | Inhibitor of kB (I-kB) kinase. |
| **kDa :** | Kilo dalton. |
| **KH:** | kyste hydatique. |
| **LPS:** | Lipopolysaccharides. |
| **LH :** | liquide hydatique. |
| **Lym :** | Lymphocyte. |
| **LV°F :** | Le liquide d'une vésicule fille. |
| **Mc :** | Macrophage. |
| **MG :** | Membrane germinative. |
| **MG(e) :** | L'extrait de la membrane germinative. |

# Liste d'abréviations

**ML :** Membrane laminaire.

**ML(e) :** L'extrait de la membrane laminaire.

**MP :** Marqueurs de PM en kDa.

**Mo :** Monocyte.

**Mo/Mc :** Système monocyte/macrophage.

**NIK :** NF-KB- induting Kinase.

**NO$^.$ :** Monoxyde d'azote.

**NO2 Na:** Nitrite de sodium.

**NO$^-_2$ :** Nitrite.

**NO$^-_3$ :** Nitrate.

**NOSII :** Nitric oxyde synthase de type II.

**eNOS :** Nitric oxyde synthase endothéliale.

**nNOS :** Nitric oxyde synthase neuronale.

**iNOS :** NO synthase inductible.

**NK:** Natural killer.

**ONOO$^-$ :** Peroxynitrite

**ONOOH :** Acide peroxynitreux.

**OPG :** Ostéoprotégrine.

**PBMC :** Peripheral blood monocyte cells.

**PBS :** Phosphate buffer saline.

**pH :** potentiel d'hydrogène.

**PLC :** Phospholipase C.

## Liste d'abréviations

**PLAD :** Preligan assembly domain.

**PR :** Préopératoire.

**PS :** Postopératoire.

**PSC :** Protoscilex.

**PSC (M) :** Protoscolex mort.

**PSC(e) :** L'extrait du protoscolex.

**RAIDD :** RIPKI Domain containing Adapter with DD.

**Rpm :** Rotation par minute.

**RIP :** Receptor interacting protein.

**SAM:** Sterile alpha motif.

**SDS-PAGE :** Sodium Dodecyl Sulfate-Poly-Acrylamide Gel Electrophoresis.

**STAT:** Signal Transducers and Activators of Transcription.

**SVF:** Sérum de veau fetal.

**T :** Témoin.

**t:** temps.

**T0 :** temps égal à 0heur.

**TGF :** Transforming growth factor.

**TNF-α:** Tumor Necrosis Factor alpha.

**TNF-RI:** Tumor Necrosis Factor receptor de type I.

**Th:** lymphocyte T helper.

**Th0:** Lymphocyte T naïve.

**Th1:** lymphocyte T helper de la sous classe 1.

Liste d'abréviations

**Th2:**  lymphocyte T helper de la sous classe 2.

**TRIS :**  Tris-hydroxymétthyl aminoéthane.

**TRADD :**  TNF-R associated death domain.

**TRAF-2:**  TNF-R associated factor-2.

**TRAIL:**  Tumor necrosis factor-related apoptosis inducing ligand.

**VF(e) :**  L'extrait d'une vésicule fille.

# Sommaire

**Contenu**

Résumé : .................................................................................................................. 1

Liste d'abréviations : ............................................................................................... 3

Introduction : ......................................................................................................... 16

Chapitre 1 : Généralités ......................................................................................... 20

1 - Hydatidose : ..................................................................................................... 20

1-1- Epidémiologie : .............................................................................................. 20

1-2- 1-1-1-Hôte définitif : ...................................................................................... 20

1-1-2- Hôte intermédiaire : .................................................................................... 20

1-1-3-Répartition géographique : .......................................................................... 21

2- Symptomatologie : ............................................................................................ 22

3-Diagnostic : ....................................................................................................... 24

4-Thérapie : .......................................................................................................... 25

4-1-Chirurgie : ...................................................................................................... 25

4-2- Ponction-Aspiration-Injection-Réaspiration (PAIR) : ................................... 26

4-3- Chimiothérapie : ............................................................................................ 26

5- Prophylaxie : .................................................................................................... 26

2-Echinococcus granulosus : ................................................................................. 27

2-1-Classification : ................................................................................................ 27

2-2- Caractéristiques morphologiques : ................................................................ 28

2-2-1- Forme adulte : ............................................................................................. 28

2-2-1-1 : Le scolex : ............................................................................................... 28

2-2-1-2- Le Cou : ................................................................................................... 29

2-2-1-3-Le strobile : ............................................................................................... 29

2-2-2- L'œuf : ........................................................................................................ 29

2-2-3- Forme larvaire : .......................................................................................... 29

2-2-3-1- La paroi : ................................................................................................. 30

2-2-3-2-L'adventice (membrane adventicielle ou membrane périkystique) : ....... 31

Sommaire

2-2-3-3- Les éléments germinatifs : ....................................................................................... 31
2-2-3-4 – Le liquide hydatique : ............................................................................................. 34
3-Cycle évolutif : ..................................................................................................................... 34
4-Les échanges métabolique hôte – parasite : ....................................................................... 34
5-Les adaptations parasitaires : ............................................................................................. 37
6-Le pouvoir antigénique du kyste hydatique : ..................................................................... 38
6-1- les antigènes solubles et figurés de l'Echinococcose humaine : ..................................... 39
Chapitre 2 : les cytokines. ...................................................................................................... 43
1-Définition : ........................................................................................................................... 43
2-Caractéristiques : ................................................................................................................. 44
3-Classification : ..................................................................................................................... 44
3-1-Les interleukines :(de IL-1 à IL-33) : .............................................................................. 44
3-1-1- Les lymphokines : ........................................................................................................ 44
3-1-2-Les monokines : ............................................................................................................ 45
3-2-Les interférons : .............................................................................................................. 45
3-3-Facteur de nécrose du Tumeur (TNF) : TNF-α et TNF-β. ............................................ 45
4-Les récepteurs des cytokines : ............................................................................................ 45
4-1-Récepteurs des cytokines et Janus-kinases : .................................................................. 47
5-Régulation de l'expression des cytokines: ........................................................................ 48
6-Le TNF-α: ........................................................................................................................... 49
6-1-Caractéristiques biochimiques: ...................................................................................... 49
6-2-Les sources cellulaires du TNF-α : ................................................................................ 50
6-3-Les signaux d'inductions de la synthèse du TNF-α : .................................................... 50
6-4-Les récepteurs du TNF-α : ............................................................................................. 52
6-5-Les cellules cibles du TNF-α : ........................................................................................ 53
6-6-Transduction du signal d'activation par le TNF- α : .................................................... 54
6-7- TNF- α et apoptose : ...................................................................................................... 55
6-7-1- La voie TNF-TNF-R : .................................................................................................. 55

6-7-1-1- La voie des récepteurs TNF-R1 et –2 : ..................................................................55
6-7-1-2- La voie des récepteurs TRAIL (Apo-2L) : ..............................................................58
6-7-1-3- La régulation de la voie apoptotique médiée par les récepteurs : .......................58
6-7-1-4- Amplification de la voie des récepteurs de mort : ................................................59
6-7-2 -Le NF-kB : ..................................................................................................................60
6-7-2- Les principaux rôles de NF-kB : .................................................................................60
6-7- 2- 1- Rôle dans le système immunitaire et l'inflammation : ......................................60
6-7- 2- 2- Rôle du NO dans l'apoptose : ...............................................................................62
6-7- 2- 3- Rôle dans la régulation de l'apoptose et de la prolifération ..............................62
6-7- 2- 4- Inhibition de la voie NF-kB : ................................................................................63
6-7-2 -5- Le protéasome .......................................................................................................64
6-8- TNF-α, immunité et inflammation : ..............................................................................65
6-9- TNF-α et parasitose : .....................................................................................................65
Chapitre 3 : Le monoxyde d'azote : ......................................................................................67
1-Définition : .........................................................................................................................67
2-Propriétés physico-chimiques du NO ................................................................................68
3-Biosynthèse du monoxyde d'azote : .................................................................................70
4-Les NO synthases : ............................................................................................................70
4-1- Aspect structural : .........................................................................................................70
4-2- La NO synthase de type II (iNOS) : ...............................................................................73
4- 3-Biosynthèse du NO et ses dérivés : ..............................................................................74
5- Rôle physiologique du NO : .............................................................................................77
5-1- NO et système immunitaire : ........................................................................................77
5-2 - NO et système nerveux : ..............................................................................................78
5-3- NO et système endothélial : .........................................................................................80
6- NO et cytokines : ..............................................................................................................81
7- NO et physiopathologie : .................................................................................................83
8- NO et parasitoses : ...........................................................................................................83

Sommaire

| | |
|---|---|
| Chapitre 4 : La réponse immunitaire anti-hydatique : | 85 |
| 1-Le système monocyte/macrophage : | 85 |
| 1-1-Définition : | 85 |
| 1-2-Les cytokines impliquées : | 86 |
| 1-3-Le système monocyte/macrophage et parasitose : | 87 |
| 2- La réponse humorale. | 89 |
| 3- la réponse tissulaire : | 91 |
| 3-1- Inflammation : | 91 |
| 4- La réponse cellulaire : | 92 |
| 4-1- La Dichotomie Th1/Th2 : | 92 |
| 4-1-1-Définition : | 92 |
| 4-1-2- La voie Th1 : | 93 |
| 4-1-3- La voie Th2 : | 93 |
| 4-1-4- Phénotype Th1/Th2 et pathologie : | 94 |
| 4-2- La Dichotomie Th1/th2 et hydatidose : | 95 |
| Chapitre 5 : matériel et méthodes | 96 |
| 1-Matériel et méthodes : | 96 |
| 1-1-Matériel biologique : | 96 |
| 1-1-1-Les patients : | 96 |
| 1-1-2-Les rats : | 96 |
| 1-1-3-Le sang total : | 96 |
| 1-1-4-Le milieu de culture : | 96 |
| 1-1-5-Le Kyste hydatique : | 97 |
| 1-2-Préparation des échantillons antigéniques : | 97 |
| 1-2-1 Le choix du kyste : | 97 |
| 1-2-2-Les sérums : | 98 |
| 1-2-3-Extraction des protéines membranaires : | 98 |
| 1-2-4-Mode opératoire : | 98 |

2-Caractérisation des protéines des éléments constitutives du kyste hydatique sur Gel de polyacrylamide (SDS – PAGE) : .................................................................. 100

2-1-Principe : ................................................................................................ 100

2-2-Mode opératoire : ................................................................................... 100

2-3-Purification sur gel de SEPHADEX G-200 : ........................................... 101

2-3-1-Principe : ............................................................................................. 101

2-3-2-Mode opératoire : ................................................................................ 101

3-Etude immunologique : ............................................................................. 102

3-1- Caractérisation antigénique par Immuno-diffusion double (IDD) : ....... 102

3-1-1-principe : .............................................................................................. 102

3-1-2-Mode opératoire : ................................................................................ 102

3-2-Préparation des cellules mononuclées du sang périphérique (PBMC) et mise en culture: ....................................................................................................... 103

3-2-1-Principe : ............................................................................................. 103

3-2-2-Mode opératoire : ................................................................................ 103

3-2-3-Test de viabilité : .................................................................................. 105

3-Culture cellulaire : ..................................................................................... 105

4-Méthodes de dosage : ................................................................................. 105

4-1-Dosage protéique par la méthode de Bradford : ...................................... 105

4-1-1-Principe : ............................................................................................. 105

4-1-2-Mode opératoire : ................................................................................ 106

4-2-Dosage des Nitrites totaux par la méthode de Griess modifiée : ............ 106

4-2-1-Principe : ............................................................................................. 106

4-2-2-La courbe d'étalonnage des Nitrites : ................................................... 107

4-2-3-Préparation de la souche bactérienne (*Pseudomonas oleovarans* (ATCC 8062)) : ........................................................................................................................ 107

4-2-3-1-Préparation de la souche. .................................................................. 107

4-2-3-2-Dosage ............................................................................................. 108

4-3-Dosage immunoenzymatiqe du TNF-α (Selon IMMUNOTHECH) : ...... 110

Sommaire

4-3-1-Principe : .................................................................................................. 110
4-3-2-Mode opératoire : ..................................................................................... 110
5-Etude *in vivo* : ................................................................................................ 111
5-1-Au niveau du système humain : .................................................................. 111
5-2-Au niveau du système murin : ..................................................................... 111
5-2-1-Mise au point du taux du NO au niveau des sérums témoins : ................ 111
5-2-1-1-Immunisation des rats par les antigènes parasitaires : ......................... 111
5-2-1-2-Prélèvements sanguins : ....................................................................... 112
5-2-1-3- Dosage des Nitrites : ............................................................................ 112
5-2-2- Protocole expérimental : ......................................................................... 112
6- Etude in vitro : ............................................................................................... 114
6-1- Induction des PBMC et mise en culture : .................................................. 114
Chapitre 6 : Résultats ........................................................................................ 116
1-Préparation des différents échantillons antigéniques et dosage protéique : ... 116
1-1-Caractérisation des protéines du liquide hydatique et de l'extrait brut de protoscolex et des deux membranes germinative et laminaire : ........................ 116
1-2-Test d'antigénicité des antigènes hydatiques totaux : ................................. 116
1-3-Filtration moléculaire du liquide hydatique et de l'extrait brut de protoscolex et des deux membranes germinative et laminaire Séphadex G-200 : .............. 120
1-4--Caractérisation antigénique des différentes fractions éluées : .................. 120
1-5-Contrôle de l'homogénéité des deux fractions antigéniques isolées par SDS- PAGE : ............................................................................................................. 121
2-Impact de deux fractions (F5 et F4) isolées du kyste sur la production du TNF-α et du monoxyde d'azote. .................................................................................... 129
2-1- Impact sur la production du monoxyde d'azote (NO) : ............................. 129
2-1-1- Production du NO *in vivo* : ..................................................................... 129
2-1-2- Production du NO par des PBMC de patients induite par la F5 et la F4 issues des éléments constitutifs du kyste hydatique : ................................................. 152
2-1-2-1-Induction des PBMC aux stades pré et postopératoire par la F5 (10µg/ml). ... 152

Sommaire

2-1-2-1-1- Production du NO sur cultures des PBMC induites par la F5 du liquide hydatique : ................................................................................................................. 152

2-1-2-1-2- Production du NO par des PBMC induite par la F5 du protoscolex : .......... 152

2-1-2-1-3- Production du NO sur culture des PBMC induite par la F5 membranaire isolée de la membrane germinative et de la membrane laminaire : ............................. 153

2-1-2-2-Induction des PBMC aux stades pré et postopératoire par la F4(10µg/ml). .... 153

2-1-2-2-1- Production du NO sur culture des PBMC induites par la F4 du liquide hydatique : ................................................................................................................. 153

2-1-2-2-2- Production du NO sur culture des PBMC induites par la F4 du protoscolex : ................................................................................................................. 154

2-1-2-2-3- Production du NO sur culture des PBMC induites par la F4 membranaire isolée de la membrane Germinative et de la membrane Laminaire : ........................... 154

2-1-2-2-3-1-Production du NO *in vitro* en présence d'IFN-γ (100 UI/ml) : ................. 154

2-2- Impact sur la production du TNF-α, cytokine marqueur du système monocyte/macrophage : ............................................................................................... 155

2-2-1- Production du TNF-α *in vivo* : ........................................................................ 155

2-2-2- Production du TNF-α sur culture des PBMC induites par la F5 et la F4 issues des éléments constitutifs du kyste hydatique : ................................................................. 156

2-2-2-1- Induction des PBMC aux stades pré et postopératoire par la F5 (10µg/ml). .. 156

2-2-2-1-1- Production du TNF-α sur culture des PBMC induites par la F5 du liquide hydatique : ................................................................................................................. 156

2-2-2-1-2-Production du TNF-α sur culture des PBMC induites par la F5 du protoscolex : ............................................................................................................... 156

2-2-2-1-3- Production du TNF-α par des PBMC induite par la F5 membranaire isolée de la membrane Germinative et de la membrane Laminaire : ......................................... 157

2-2-2-2-Induction des PBMC aux stades pré et postopératoire par la F4(10µg/ml). .... 157

2-2-2-2-1- Production du TNF-α sur culture des PBMC induites par la F4 du liquide hydatique : ................................................................................................................. 157

2-2-2-2-2- Production du TNF-α sur culture des PBMC induites par la F4 du protoscolex : ............................................................................................................... 158

Sommaire

2-2-2-2-3- Production du TNF-α sur culture des PBMC induites par la F4 membranaire isolée de la membrane Germinative et de la membrane Laminaire : ..........................158

3- Mise en évidence de l'expression de la NOSII murine chez des rats *Wistar* : ..........159

3-1-Production du NO *in vivo* après stimulation par le liquide hydatique[0-200μg/ml] : ..................................................................................................................................160

3-2- Production du NO *in vivo* après stimulation par Protoscolex morts [0-200μg/ml] : ..................................................................................................................................167

3-3- Production du NO *in vivo* après stimulation par l'extrait brut de la membrane Laminaire [0-200μg/ml] : ..............................................................................................167

3-4- Effet de la membrane Laminaire (100μg/ml] sur la production du NO *in vivo* au niveau des rats stimulés par le LH [80 μg/ml] : ............................................................168

Discussion générale ......................................................................................................170

1-Isolement des antigènes solubles et figurés : .............................................................170

2- Production du TNF-α *in vivo* et *in vitro* : ................................................................170

3- Production du monoxyde d'azote (Nitrites/Nitrates) : ..............................................171

Conclusion ....................................................................................................................175

Références bibliographiques ........................................................................................177

## Introduction :

Le terme hydatidose, kyste hydatique ou echinococcose hydatique désigne une affection parasitaire par le stade larvaire d'un cestode appartenant au genre d'*Echinococcus granulosus* la famille des taenidae, dont le cycle biologique fait intervenir un hôte définitif, essentiellement le chien, et un hôte intermédiaire (bovin) ,dont l'homme représente une impasse parasitaire.

Cette helminthiase est une zoonose endémique en Algérie et les pays de Maghreb, entretenue par une démographie galopante caractérisée par une symptomatologie aspécifique, une évolution clinique lente et silencieuse.

Le diagnostic de cette macroparasitose est délicat et souvent tardif. Il dépend des critères suivants :

- La localisation du kyste, dont la plus fréquente est retrouvée dans le foie (70%), les poumon (25%) et les atteintes secondaires telles que les reins et le muscle (4%), l'os (0.3-2.5), la rate, le système nerveux central (mois de 3%), le pancréas, le cœur, la thyroïde, l'orbite et les glandes salivaires (3 à 4 %) (Rousset, 1995 ; Nozais et *al.,* 1996).
- La taille (elle peut atteindre un diamètre de 15 cm après des années).
- Le nombre de kyste (polykystose). A l'heure actuelle, la chirurgie reste le traitement de choix.

La réponse immunitaire de l'hôte contre cette macroparasitose est humorale et cellulaire avec l'instauration d'une inflammation consécutive à la chronicité de cette affection. Le contrôle du développement de ces phénomènes est medié par les cytokines, qui sont des effecteurs pouvant maintenir l'homéostasie du système immunitaire et le système endocrinien en modifiant ou supprimant les fonctions de nombreux types cellulaires.

Introduction

L'étude réalisée par Mosman et Coffman en 1980 au niveau du système murin a montré l'existence des clones de cellules Th CD4+. La classification Th1 et Th2 a porté sur la nature des cytokines produites (Siracusano et al., 2002) dont une production exclusive des cytokines IFN-γ, IL-12 et TNF-α pour les cellules Th1 et Il-4, Il-5, Il-10, Il-13 pour les cellules de type Th2 (Cox et Liew, 1992 ; Romagnini, 1999 ; Mezioug, 2002 ; Rigano et al., 2004).

Une activité de type IFN-γ marqueur de la voie Th1 au cours de l'hydatidose humaine a été observée (Touil-Boukoffa, 1986) ; ainsi, une production in *vivo* et in *vitro* du TNF-α et Il-6 et d'autres cytokines marqueurs de la voie Th1 et Th2, in *vivo* et in *vitro*, ont été identifiées dans les surnageants des PBMC induites par l'antigène 5 (Touil-Boukoffa et al., 1998 ; Mezioug, 2002).

Une activité IL-18 a été identifiée in *vivo* et in *vitro* lors de la stimulation par la F5 (Mezioug et Touil-Boukoffa, 2005).

Ces résultats complètent l'étude antérieure initiée par notre équipe aboutissant à l'établissement des voies Th1/Th2 dans la réponse immunitaire anti-*Echinococcus granulosus*.

A la suite des travaux de Dugas et *al,* en 1995 et Drapier et *al,* en 1997, il a été établi que les macrophages activés jouent un rôle important dans le contrôle des infections intracellulaires, ceci par l'établissement d'un processus microbicide résultant de l'apparition de métabolites toxiques de l'oxygène, du monoxyde d'azote et du TNF-α synthétisés par le macrophage préalablement activé par l'IFN-γ (Drapier et *al.*, 1997). De ce fait, l'IFN-γ confère une résistance partielle ou totale à des cellules humaines et murines infectées par différents parasites à multiplication intracellulaire, la production de cet immunopotentiateur est sous l'action d'IL-12, ce dernier induit l'activité cytotoxique des cellules NK et des cellules T et peut initier la différentiation de cellules naïves vers la voie Th1.

Introduction

L'action du TNF-α, IFN-γ, Il-1 et Il-6 ou des immuno modulateurs bactériens (LPS) montre une activation de la NO synthase inductible conduisant à la production du monoxyde d'azote (NO) (un radical libre synthétisé par l'oxydation de la L-arginine sous l'influence d'une famille d'enzymes les NO synthases) effecteurs majeurs de la réponse immuno-inflammatoire (Touil-Boukoffa, 1998).

Plusieurs auteurs rapportent que l'expression de la NOS humaine se déroule durant l'élimination de plusieurs parasites. En effet, le rôle parasiticide du NO a été démontré dans le cas de *Schistosoma mansoni*, *Leishmania major*, *Toxoplasma gondii* (James et al., 1995).

Il a été également observé une augmentation du taux des $NO_2^-$ / $NO_3^-$ chez les patients atteints d'hydatidose (Touil-Boukoffa et al., 1998 ; Amri, 2005 ; Ait Aissa et al. ,2006). Par ailleurs, une activité scolicide du NO a été démontrée (Ait Aissa et al., 2006).

Notre objectif s'aligne sur la problématique du projet de recherche développé par notre équipe. Il fait suite aux travaux déjà entrepri, mettant en exergue l'implication de deux antigènes majeurs (F5 et F4) dans l'induction des cytokines et du monoxyde d'azote (NO). Ces deux biomolécules agissent respectivement dans l'immunomodulation et dans l'activité scolicide (Toui-Boukoffa et al.,1998 ; Rigano et al., 2004 ; Ait Aissa et al., 2006).

**Objectifs :**

L'objectif de notre étude porte sur les points suivants :

**1-**La recherche des antigènes majeurs solubles (F5 et F4), des antigènes figurés isolés des protoscolex et d'autres antigènes membranaires isolés de la membrane germinative et laminaire de l'hydatide.

**2-** La caractérisation biochimique et immunologique des antigènes purifiés.

Introduction

3- L'étude de la production *in vivo* et *in vitro* du TNF-α et le monoxyde d'azote sous ces deux formes métaboliques stables ($NO_2^-$/ $NO_3^-$) dans les surnageants de culture de PBMC induites par des effecteurs antigéniques et cytokiniques (IFN-γ) ainsi que dans le liquide hydatique.

- Notre travail a été complété par l'évaluation de l'aptitude de l'expression de la NOSII chez le rat *Wistar*.

## Chapitre 1 : Généralités

### 1 - Hydatidose :

L'hydatidose est une zoonose cosmopolite causée par le stade larvaire d'un Cestode qui appartient au genre *Echinococcus*, la famille des Taeniidae, caractérisée par une croissance à long terme du Métacestode (hydatide) au niveau de l'hôte intermédiaire (Zhang et *al*.,2003).

### 1-1- Epidémiologie :

#### 1-2- 1-1-1-Hôte définitif :

L'hôte définitif est souvent le chien ou autre carnivore qui s'infeste par ingestion

du Kyste, contenu dans les organes de l'hôte intermédiaire (Nozais, et *al*.,1996), où le développement du métacestode mature dure des mois ou des années (Gottestein, 2002).

Les PSC contenus dans le kyste s'évaginent et s'attachent à la muqueuse intestinale et se développent en vers adulte. Ce dernier peut changer de position à travers les villosités intestinales adjacentes.4 à 6 semaines, le rostre est profondément introduit dans les villosités des glandes de Liberkhun et les crochets pénètrent superficiellement dans la muqueuse épithéliale.

Le vers mature forme des œufs au niveau des proglottis gravides, qui sont libérés avec les fèces (Gottestein, 2002).

#### 1-1-2- Hôte intermédiaire :

Ces œufs sont ingérés par un hôte intermédiaire adéquat dans les conditions naturelles (l'homme, mouton, bœuf, chameau,…).L'éclosion des œufs se fait dans l'estomac et l'intestin grêle ; Le processus d'éclosion nécessite deux étapes :

- La désagrégation passive d'un groupe embryophorétique dans l'estomac et l'intestin nécessitant l'action d'enzymes (la pepsine, pancréatine).

- L'activation de l'oncosphère et la libération de la membrane encosphérique. En effet, l'encosphère reste en dormance jusqu'à son activation.

Chez l'hôte intermédiaire, l'oncosphère pénètre à travers l'épithélium de l'intestin grêle et migre à travers la circulation sanguine vers les différents organes dont le premier atteint est le foie puis le poumon, où il se développe dans un kyste qui produit progressivement des PSC et des vésicules filles (Thompson, 1984).

### 1-1-3-Répartition géographique :
**a- Dans le monde :**

L'hydatidose est une parasitose cosmopolite, elle est localisée essentiellement dans les pays d'élevage du mouton (Eckert et *al.*, 2004). Elle se trouve plus particulièrement dans les pays où le chien garde le troupeau dans les populations rurales et chez les sujets à faible niveau de vie (Klots et *al.*,2000).

On la trouve aussi en Amérique latine, au moyen Orient, en Asie du Sud Ouest, dans le Sud de la Russie, en Australie et en nouvelle Zélande et en Europe. Ce sont les pays du bassin méditerranéen qui sont les plus touchés (Espagne, France, Italie, Chypre et Portugal) (Klots et *al.*, 2000).

Les deux principaux foyers actuels de l'hydatidose humaine se trouvent sur le continent africain :

- Afrique du Nord : Algérie, Maroc et Tunisie.

- Afrique de l'Est : Kenya, Ouganda, Ethiopie et Tanzanie (Develoux, 1996).

**b- En Algérie :**

Chapitre1 : Généralités

L'Algérie est un pays endémique, il a un caractère d'élevage traditionnel pastoral qui n'est pas épargné par ce fléau (Klots et *al.*, 2000). De ce fait, l'hydatidose en Algérie constitue un véritable problème de santé publique et vétérinaire depuis les années 80 avec des répercussions économiques importantes (Klots et *al.*, 2000).

Les études statistiques réalisées par l'INSP prouvent que la maladie est très fréquente sur les hauts plateaux où les conditions de vie et d'élevage du bétail sont encore rudimentaires.

## 2- Symptomatologie :

L'hydatidose est une maladie asymptomatique, ses complications peuvent être bruyantes, voire mortelle (Klots et *al.*, 2000).

La lente vitesse du développement du kyste (1 à 5 mm/an) (Klots et *al.*, 2000) rend cette maladie cliniquement muette pendant des années même des décennies (Gottstein, 2002)

Les symptômes sont polymorphes et peu spécifiques et dépendent de :

- ➢ La localisation du kyste.
- ➢ La taille du kyste.
- ➢ L'intensité de l'infestation.
- ➢ La variabilité de la réponse immunitaire de l'hôte (Klots et *al.*, 2000; Rigano et *al.*, 2001 ; Ortona et *al.*, 2005).

Dans le cas du kyste hydatique hépatique (le cas le plus fréquent), la douleur abdominale semble constante (92 à 100%), les manifestations cliniques sont dominées par l'hépatomégalie (75%), la fièvre (34%), l'angiocholite (23%), l'ictère (8%) et le prurit (7%) ; les patients sont asymptomatiques dans 5% des cas (Klots et *al.*, 2000).

La rupture spontanée ou traumatique du kyste entraîne des conséquences immédiates ; des réactions allergiques allant d'une simple urticaire jusqu'à un choc anaphylactique ( Rigano et *al.,*1995).

Le tableau suivant montre les principaux signes cliniques selon la localisation du kyste (Nozais, 1996 ; Rippert, 1998).

**Tableau I : les principaux signes cliniques de l'hydatidose selon ses localisations :**

| Localisation | Symptomatologie |
|---|---|
| Système nerveux Central. | Céphalées, hypertension intracrânienne, troubles visuels, trouble de la conscience, convulsion, crise d'épilepsie. |
| Cœur | Péricardie, embolie systémique, trouble de la conduction, douleurs pseudo-angieuses. |
| Poumon | Dyspnée, toux, hémorragies, fièvre et hyperleucocytose à polynucléaires neutrophiles, vomissements, bronchite à répétition. |
| Rate | Douleurs violentes, coliques, splénomégalie. |
| Rein | Tuméfaction lombaire, troubles digestifs, hématuries, hydaturie, crises de coliques hépatiques. |
| Foie | Poussées d'urticaire, hyperéosinophilie sanguine, hépatomégalie, compression des voies biliaires, hypertension portale, ascite, hémorragies digestives, dyspnée, douleurs hépatiques. |
| Os | Douleurs rachidiennes, tuméfaction, fractures spontanées, compression de la moelle. |

**3-Diagnostic :**

Le diagnostic de l'hydatidose chez l'homme est basé sur l'identification de la structure et la localisation du kyste à la suite des examinations par des techniques d'imageries médicales, essentiellement par : ultrasonographie, radiologie, scanner, rayon-X. Ce diagnostic clinique est confirmé par un immunodiagnostic utilisé pour la détection des

Ac spécifiques ou les Ag circulants (Gottstein, 2001 ; Gottstein, 2002 ; Eckert et Deplazes , 2004).

Le dosage des Immunoglobulines E (IgE) totales, peut démontrer une augmentation importante de leur taux et orienter vers une exploration d'IgE spécifique (AFEP, 1997).

Généralement, il n'existe aucune hyper-éosinophilie sauf dans le cas où le kyste est rompu. En effet, elle sera souvent associée à des manifestations allergiques (Moulinier, 2003).La détection de la sous classe d'IgG4 spécifiques est liée à la sous unité de 8 kDa de l'Ag B (Ortona et *al.*, 2005).

## 4-Thérapie :

Les choix du traitement du kyste hydatique sont multiples, incluant : la chirurgie (cette méthode est restée longtemps le traitement du choix, l'apparition récente d'autres possibilités thérapeutiques amènent une ère nouvelle dans la prise en charge de cette affection). Nous pouvons citer : La PAIR (Ponction-Aspiration-Injection-Réaspiration) et la chimiothérapie.

## 4-1-Chirurgie :

Dans ce cas, l'ablation du kyste aboutira à une guérison et le pourcentage du réussite est élevé, elle est préconisée dans le cas des patients avec une simple forme du kyste (nombre du kyste et l'organe infecté).

Il existe d'autres cas où la chirurgie est inapplicable, des individus où plusieurs organes sont infectés, polykystose, les individus présentant un risque chirurgical dans des situations pareilles, la PAIR ou la chimiothérapie peut être considérée comme une alternative de traitement (Eckert et *al.*, 2004).

Chapitre1 : Généralités

### 4-2- Ponction-Aspiration-Injection-Réaspiration (PAIR) :
C'est une méthode simple et efficace appliquée dans le cas du kyste hydatique hépatique avec un diamètre ≤ 5 cm. C'est une simple ponction percutanée du kyste sous une surveillance écographique ayant pour but d'aspirer le liquide hydatique (10–15 ml), puis d'injecter une solution scolicide (Ethanol à 95% ou l'eau oxygéné).

La réaspiration du liquide aura lieu après 5 minutes (Eckert et *al.*, 2004). Cette méthode est accompagnée d'une chimiothérapie (albendazole) pour éviter tout risque d'une échinococcose secondaire.

Cette méthode est contre indiquée dans le cas d'un kyste en communication avec la voie biliaire, localisation de risque dans le foie, kyste libre au niveau de la cavité abdominale, kyste au niveau des poumons, cœur, cerveau ou la rate.

Une nouvelle approche du traitement a été réalisée par Brunetti et Filice en appliquant une percutaneouse thermale ablation (PTA) de la membrane germinative du kyste en utilisant une radioélectrique. L'application de cette opération à 2 patients ayant un kyste hydatique hépatique a donné de bons résultats, l'avantage est que cette technique ne nécessite pas un agent scolicide (Eckert et *al.*, 2004).

### 4-3- Chimiothérapie :
Le traitement médical avec des bendimidazoles ( albendazole ou mebendazole) est indiqué dans les cas inopérables et pour les patients qui ont des kystes multiples, dans deux ou plusieurs organes, mais l'efficacité de cette technique reste toujours faible (Eckert et *al.*, 2004).

### 5- Prophylaxie :
La maladie hydatique ne disparaît que grâce à des mesures prophylactiques strictes qui ne peuvent se mettre en place sans l'amélioration du niveau de vie des populations.

Ces mesures commencent par l'éducation sanitaire des populations des zones d'endémie.les chiens errants doivent être abattus et les chiens domestiques recensés et vermifugés.L'abattage du bétail doit subir un contrôle vétérinaire et les abats porteurs d'hydatide doivent être incinérés. Les parasites expulsés par les animaux doivent être détruits.L'éradication pourra être aidée dans l'avenir par la vaccination des hôtes intermédiaires domestiques que sont les bovins, les ovins, les caprins, les équidés, les suidés, les camélidés. Ce vaccin obtenu par génie génétique à partir d'une protéine spécifique de l'oncosphère et en cours d'évaluation (Klots et *al.*, 2000).

## 2-Echinococcus granulosus :

L'Echinococose est une zoonose cosmopolite causée par le stade adulte ou larvaire d'un Cestode appartenant au genre *Echinococcus,* la famille des Taeniidae. L'hydatidose est caractérisée par une croissance à long terme du Métacestode (hydatide) au niveau de l'hôte intermédiaire (Zhang et *al.*, 2003).

### 2-1-Classification :
- Phylum : Plathelminthes.
- Classe : Cestode.
- Sous- Classe : Eucestoda.
- Ordre : Cyclophyllidae.
- Famille : Taenidae.
- Genre : *Echinococcus (*Rudolfi, 1805).
- Espèces : *Echinococcus granulosus* (Batsch, 1786).
  - E.g .granulosus (Rudolfi, 1805).

- E.g. canadensis (Rausch, 1967).
- *Echinococcus multilocularis* (Leuckart, 1863).
- E.m. *multilocularis* (Vogel, 1955).
- E.m. *sibericenis* (Rauch et schiller, 1957).
- *Echinococcus oligarthus* (Diesing, 1863).
- *Echinococcus vogeli* (Rausch et Berstein ,1972).

L'identification des quatre espèces du genre *Echinococcus* :Eg, E.m, E.o, E.v s'appuie essentiellement sur la combinaison des critères morphologiques.

## 2-2- Caractéristiques morphologiques :

Le parasite E.g se présente sous trois formes : adulte, ovulaire, larvaire dont chacune présente une physiologie particulière.

## 2-2-1- Forme adulte :

A l'état adulte, E.g est un vers plat à corps segmenté, il mesure de 5 à 8 m de long, il vit fixé entre les villosités de l'intestin grêle, sa longévité atteignant de 6 mois à 2ans (Klots et *al.*, 2000). Un même hôte peut héberger une centaine à plusieurs milliers, il est constitué de 3 parties.

## 2-2-1-1 : Le scolex :

Il représente la partie céphalique, il est d'aspect piriforme, il est pourvu de 4 ventouses arrondies et d'un rostre saillant armé d'une double couronne de crochets qui assure l'adhésion du parasite à la paroi intestinale de l'hôte

## 2-2-1-2- Le Cou :
Il est lisse, non segmenté, il fait suite au scolex. Dans sa partie antérieure, une zone de prolifération continue assure la formation des divers segments du strobile (Boue, 1974).

## 2-2-1-3- Le strobile :
Constituant la partie majeure du corps, il est formé par trois segments ou proglottis dont seul le dernier est ovigère, il présente la partie la plus longue du corps, il comprend un utérus longitudinal, émettant de courtes évaginations : évaginations latérales, renflées, le segment ovigère est bourré d'embryophores appelées « œufs embryonnées » ou aussi cucurbitains. Il contient un embryon héxacanthe ou « oncosphère » qui se détache du strobile pour être excrété avec les fèces (Klots et *al.*,2000 ).

## 2-2-2- L'œuf
L'œuf est ovoïde (35µm), non operculé, protégé par une coque épaisse et striée. Il contient un embryon hexacanthe à six crochets ou oncosphère, sa survie sur le sol dépend des conditions d'humidité et de température (Klots et *al.*, 2000) .

## 2-2-3- Forme larvaire :
C'est le métacestode, ou kyste hydatique, sa vitesse de maturation est lente, dépendante de l'espèce hôte et de la viscère parasitée. Un même organe peut en contenir plusieurs, par suite d'une forte infestation ou par bourgeonnement exogène à l'origine de l'hydatidose multivesiculaire ou pluriloculaire (Klots et *al.*, 2000).

Cette larve se présente sous forme d'une vésicule blanchâtre, subglobuleuse, opaque, tendue et élastique. Elle est de diamètre variable ; elle a habituellement le volume d'une noix et atteint souvent le volume d'une orange (6 cm de diamètre), et parfois la tête d'un enfant. Cette larve est beaucoup plus volumineuse que le cestode adulte (Klots et *al.*, 2000 ). L'hydatide se forme à partir d'un embryon qui par vésiculisation et croissance progressive. Cette dernière constitue dans le foie et le poumon une masse kystique

Chapitre1 : Généralités

refoulant par compression les tissus de l'organe parasité (Klots et *al.*, 2000.). Au terme de son évolution, le kyste hydatique est constitué de l'extérieur vers l'intérieur par :

➢ Une double paroi :

➢ La cuticule (membrane externe) ou la membrane anhiste.

➢ La germinative (membrane interne).

- L'adventice ou la membrane perikystique.
- Les éléments germinatifs.

**2-2-3-1- La paroi :**
**A-La cuticule :**

D'origine parasitaire, bordée sur sa face interne par la membrane proligère et sur sa face externe par l'adventice. La cuticule a une épaisseur de ($200\mu m$ – 1 mm) et une structure stratifiée, avec un aspect blanchâtre nacré ou ivoire. Les strates cuticulaires s'exfolient en permanence à la périphérie par l'activité régénératrice de la membrane germinative.

Elle est formée de nombreuses couches concentriques lamellaires de constitution chitineuse (Houin et *al.*, 1994). Lorsqu'elle est immergée dans l'eau, la cuticule serétracte et s'enroule sur elle même comme un cornet (face interne en dehors) ce caractère permet de différencier les kystes hydatiques des kystes non parasitaires.

Selon les espèces, la cuticule est plus au mois épaisse et plus au moins continue. En cas de minceur particulière ou d'interruption, cette cuticule peut laisser passer ces éléments. Chez les bovins, on observe que les hydatides ont une cuticule mince voire absente (Euzeby, 1971).

La nature echinococcique du kyste est confirmée à l'examen histologique par une coloration à l'hématoxyline / éosine; qui met en évidence la couche laminaire acellulaire, positive au PAS, avec ou sans couche germinative interne (Christian, 1996).

**B- La membrane germinative ou membrane proligère :**

Elle est la génitrice de tous les éléments de la larve, par sa face externe, elle élabore la cuticule et sur sa face interne, elle forme les éléments germinatifs.C'est une membrane fertile qui peut être assimilée au tégument du parasite. Elle est fine, fragile, molle et très blanche. Elle est constituée de cellules riches en glycogène qui ont un aspect étoilé (rôle générateur) et de cellules riches en lipides qui sont arrondies (rôle dans la genèse des éléments germinatifs) (Euzeby, 1971). Cette membrane régule la totalité des échanges du kyste. C'est sur elle que se porte l'activité de quelques médicaments notamment les Imidazols.

### 2-2-3-2-L'adventice (membrane adventicielle ou membrane périkystique) :
L'adventice est d'origine non parasitaire, elle est constituée par le parenchyme de

l'organe de l'hôte refoulé par la croissance et la taille du kyste, il n'y a pas de zone de clivage entre le parenchyme sain et le parenchyme altéré. C'est dans cette zone que s'effectue les échanges nutritifs entre « hôte - parasite » (Houin et al.,1994).

L'adventice est le produit d'une réaction cellulaire inflammatoire de l'hôte qui débute dés les premiers stades du développement parasitaire. Elle est absente dans les formes osseuses. Lorsqu'elle comprend trois couches, la plus externe est semblable au tissu parasité et en continuité avec ce dernier. La couche la plus interne est une coque scléreuse, pauvre en cellules (Nozais et al., 1996).

### 2-2-3-3- Les éléments germinatifs :
Les éléments germinatifs apparaissent à la surface interne de la membrane

Chapitre1 : Généralités

germinative qui leur donne naissance. Elles ne se forment que chez les larves ayant acquis un certains âge. Le kyste hydatique est dit fertile s'il produit des vésicules proligères (Christian, 1996) par contre, en absence des éléments germinatifs il est dit « non fertile » ou « acephalocyte » s'il ne contient ni capsule proligère, ni protoscolex. Les acephalocytes apparaissent surtout chez l'hôte peu adapté au développement du parasite. Certaines espèces n'acquièrent jamais leurs fertilités et demeurent stériles (Euzeby, 1971).

Parmi les éléments germinatifs, nous pouvons citer :

➢ Les capsules proligères (vésicules proligères).

➢ Les protoscolex.

➢ Le sable hydatique.

**A- Les vésicules proligères :**

Elles sont de forme globuleuse (300-500 µm), visibles à l'œil nu, à la face interne de la germinative, elle sont fixées à la germinative par un court et fin pédicule leur donnant

un aspect échinulé d'ou le terme echinoccoque (Euzeby,1971 ) .

Cependant, elles prennent naissance à partir du bourgeonnement de la membrane proligère, ces bourgeons se vésiculisent et se creusent d'une cavité qui s'emplit de liquide claire (Houin et *al.*, 1994). Ces vésicules possèdent une paroi identique à la membrane germinative mais ne possèdent pas de cuticule externe et sont doublées intérieurement d'une mince membrane hyaline (Euzeby, 1971). A leurs parois sont fixés plusieurs protoscolex (cône interne).Ces capsules peuvent se fissurer et laisser s'échapper dans le liquide hydatique des protoscolex et peuvent aussi se détacher de la membrane germinative et flotter dans le liquide hydatique (Nozais et *al.*, 1996).

Chapitre1 : Généralités

❖ **Les vésicules filles :**

Elles comportent une cuticule anhiste, une membrane germinative sur laquelle sont appendus des protoscolex et enfin un liquide intravésiculaire (Nozais et *al.*, 1996). Elles possèdent une cuticule qui les différencie des capsules proligères (Euzeby, 1971). Ces vésicules filles peuvent former des vésicules internes ou externes. Ces dernières sont à l'origine de l'échinococcose secondaire.

**B- Les protoscolex :**

Les scolex larvaires ou protoscolex sont contenus dans les capsules proligères recouvertes d'une mince membrane qui tapisse la face interne de celle-ci (Houin et *al.*, 1994).Chaque scolex est fixé à la face interne de la capsule et montre au pôle opposé une invagination au fond de la quelle sont disposées les 4 ventouses et les 36 à 42 crochets du future cestode adulte (Christian, 1996).

**C- Le sable hydatique :**

Les granulations qui s'accumulent dans l'hydatide, donnent à la germinative un aspect échinulé, on les compare à des grains de sable d'où l'appellation de « sable hydatique » (donné par F.DEVE et col).

L'examen microscopique du sable hydatique montre des capsules proligères intactes et souvent des agglomérats de scolex ainsi que des scolex isolés (Euzeby, 1971).

➤ **Différenciation et reproduction de l'hydatide :**

L'hydatide a un potentiel ultime à capacité génératrice séquentielle. Cependant, certaines cellules germinales initient la production de nouvelles capsules proligères et protoscolex. Les autres inconcomitentes s'indifférencient et restent des cellules germinales chez les rongeurs, ces faits rendent possible des perpétuations indéfinies de la larve echinococcus par passage intraperitonial répété des protoscolex ou des éléments de la membrane germinative (hydatide secondaire).

Ainsi les cellules indifférenciées contenues dans la couche germinale et les protoscolex sont capables d'initier un nouveau cycle de la multiplication asexuée (Thompson, 1984).

### 2-2-3-4 – Le liquide hydatique :

Le liquide hydatique emplit le kyste hydatique quant il est non altéré par les germes et non souillé par la bile, il a un aspect aqueux et limpide « eau de roche ». Certains de ces constituants ont une différence quantitative et qualitative qui dépendent de la localisation du kyste, de l'origine de l'hôte, et probablement les caractéristiques des souches.

### 3-Cycle évolutif :

L'echinococcose est une cyclozoonose (Fig. 1) qui requiert deux hôtes pour son achèvement. L'hôte définitif est le chien, plus rarement un autre canidé comme le loup, le chacal, l'hyène. l'hôte intermédiaire est un herbivore et avant tout le mouton qui broute au ras du sol ; viennent ensuite les bovins, les porcins, mais également le cheval et les chèvres, les chameaux, la renne, l'élan et le yak sont propres à certains régions (Zhang et *al.*,2003). L'homme est une impasse parasitaire s'insérant accidentellement dans le cycle évolutif du vers.

### 4-Les échanges métabolique hôte – parasite :

Les effets de l'hôte sur le parasite sont inséparables des effets du parasite sur l'hôte. Les deux partenaires interagissent et tendent à former un système fonctionnel en équilibre. Ce système « hôte-parasite » s'oppose à l'ensemble du milieu extérieur. Si les effets sur la croissance, la reproduction, la morphologie sont faciles à détecter, les autres effets d'ordre éthiologique, métabolique ou biochimique sont plus difficiles à mettre en évidence (Cassier, 1998).

Chapitre 1 : Généralités

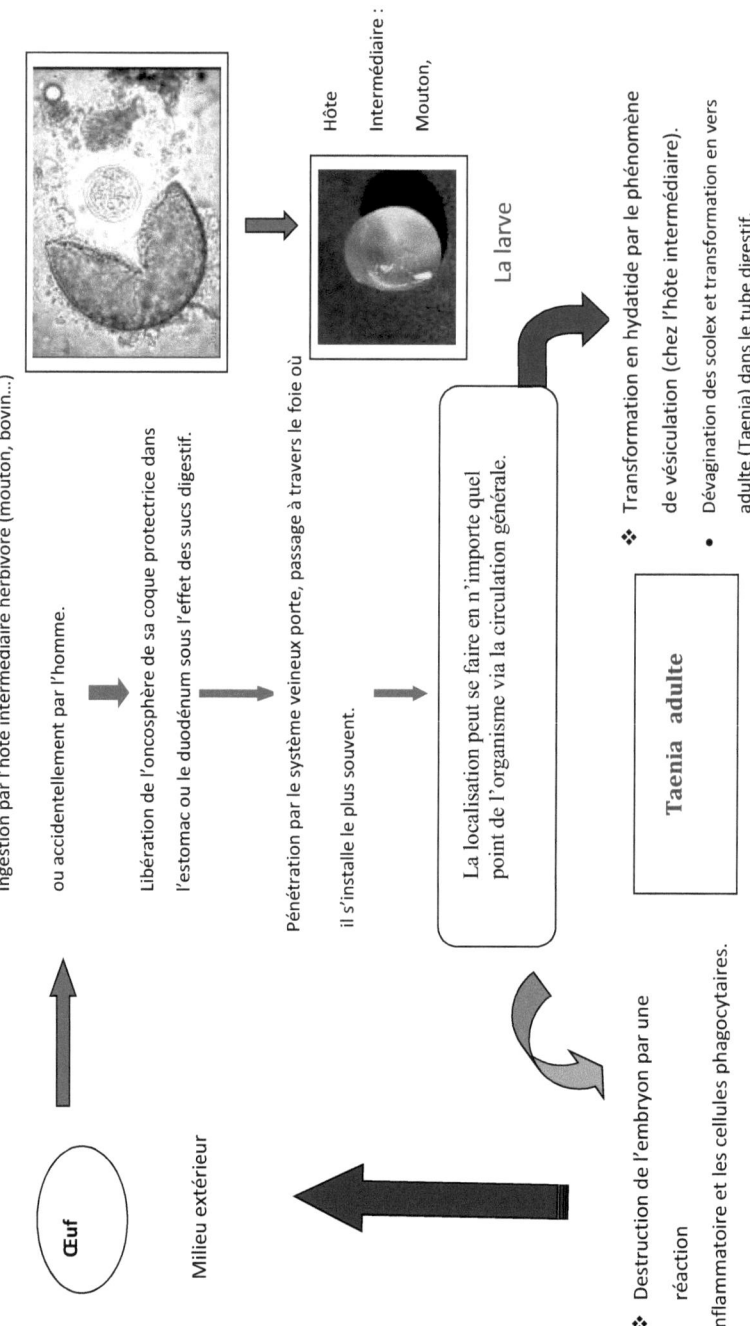

**Fig.3 : Cycle évolutif de *l'Echinococcus granulosus*.**

Chapitre 1 : Généralités

## 5-Les adaptations parasitaires :

La survie du parasite est un problème majeur, il doit certes se nourrir, croître puis se reproduire, mais dés son installation, il est placé dans un milieu hostile.

Les réactions des parasites vis-à-vis des défenses de l'hôte se traduisent de manière très diverses. Les endoparasites sont confrontés aux défenses internes de l'hôte (enzymes digestives, phagocytes, anticorps, toxines) et à la variabilité temporelle du milieu de vie de l'hôte.

Les théories de Garber et de Lewis suggèrent la nécessité d'assurer un équilibre constant entre les facteurs favorables (nutriments) et les facteurs défavorables qui participent à la défense de l'hôte et conditionnent le maintien du parasite (Cassier, 1998).

Plusieurs moyens de défense peuvent être utilisés, parfois simultanément, parmi ces moyens, on cite :

- La destruction des anticorps et du complément (Cassier, 1998).
- Le camouflage antigénique (Cassier, 1998).
- La libération de nombreux antigènes parasitaires dans le plasma (Cassier, 1998).
- La variabilité allelique et diversité antigénique (Cassier, 1998).
- La production des protéases (Willis et *al.*,1997 ; Tort et *al.*, 1999 in Zhang et *al.*,2000).
- L'altération des fonctions des macrophages et les leucocytes (Rakha et *al.*, 1991 ; Playford et kamya, 1992 in Zhang et *al.*,2000).
- L'altération de l'architecture des organes lymphoïdes (Riley et al Dixon, 1987 in Zhang et *al.*,2000).

Chapitre 1 : Généralités

- La déplétion des lymphocytes T (Plyford et Kamiya, 1992 ; Kizaki et *al.*, 1993 ; Touil-Boukoffa et *al.*, 1998).

- L'induction des cellules d'immunosuppressions (Dixon, 1997 ; Touil-Boukoffa et *al.*, 2000).

- L'altération des réponses lymphoprolifératives (Emery et *al.*, 1996 ; Bauder et *a.l*, 1999 ; Ait Aissa et *al.*,2006).

- L'inhibition du chimiotactisme des cellules effectrices (Shepherd et *al.*, 2001 ; Rigano et *al.*, 2001).

**6-Le pouvoir antigénique du kyste hydatique :**
Des réactions immunitaires de type cellulaire ou humorale sont déclenchées au niveau de l'hôte intermédiaire ou définitif comme moyen de défense anti-hydatique. Ces données sont argumentées par la production du taux élevés de plusieurs isotypes d'Ig (IgM, IgG et IgE) chez l'homme, le mouton et la souris. Ces arguments sont soutenus par l'identification des cytokines (Il-2, Il-1, Il-12, IFN-$\gamma$, Il-10, Il-4) intervenant aussi bien dans l'initiation des réponses immunitaires cellulaires (Il-1, Il-12, IFN-$\gamma$, TNF-$\alpha$) et que dans la permutation isotypiques (IFN-$\gamma$, IL-4, IL-5…) (Touil-Boukoffa et *al.*, 1998 ; Zhang et *al.*, 2003 ; Rigano et *al.* , 2004 ; Ortona et *al.*, 2005 ; Ait Aissa et *al.*, 2006). Ce pouvoir antigénique est lié à l'existence d'une mosaïque antigénique dont certains appartiennent au parasite et d'autres à l'hôte (Hamrioui, 1986 ; Hamrioui et *al.*,1988 ; Touil-Boukoffa et *al.*, 1998 ; Touil-Boukoffa et *al.*, 2000).

La répartition de cette charge antigénique est la suivante :

- **Les antigènes solubles :** Ils sont représentés par le liquide hydatique qui renferme environ 18 entités antigéniques, parmi lesquelles 2 lipoprotéines présentent une forte immunoréactivité la fraction 5 (Ag A) et la fraction 4 (Ag B) (Hamrioui et *al.,* 1988 ; Touil-Boukoffa, 1998 ; Touil-Boukoffa et *al.*,2000 ; Ortona et *al.*, 2005).

➢ **Les antigènes figurés :** Ils sont les antigènes qui appartiennent au parasite entier.

➢ **Les antigènes membranaires :** Ils représentent les antigènes de la membrane germinative et la laminaire.

**6-1- les antigènes solubles et figurés de l'Echinococcose humaine :**
La structure complexe de l'hydatide lui confère une composition hétérogène en antigène à des localisations et des rôles variables (Touil-Boukoffa et *al.*, 1995 ; Touil-Boukoffa et *al.*, 2000 ; Ortona et *al.*, 2005). Le tableau suivant résume les principaux antigènes hydatiques solubles et membranaires :

## Tableau II : Les antigènes solubles et figurés de l'echinococcose humaine :

| Antigènes | Localisations | Caractéristiques structurales | Rôles biologiques | Références |
|---|---|---|---|---|
| La Fraction5 | • LH.<br>• Tégument du PSC<br>• MG. | Lipoprotéine thermolabile de 400 kDa, composée de 2 sous unités 55 et 65 kDa (sur SDS-PAGE dans les conditions non réductrices) et 2 sous unités 38/39 et 20 kDa (sous les conditions réductrices)<br>La sous unité de 38/39 kDa est composée de phosphoryl choline est l'épitope de la F5, est responsable des réactions croisées. | • Induit la synthèse d'IFN-$\gamma$. | Hamrioui et, 1986 ; Hamrioui et al., 1988 Touil Boukoffa et al., 1998 ; Touil Boukoffa et al., 2000 ; Siracusano et al., 2002 ; Meziuog, 2002 ; Ait Aissa, 2002. |
| La Fraction4 | • LH.(10%).<br>• Tégument du PSC<br>• MG. | Lipoprotéine thermostable de 160 kDa, constituée de 3 sous unité de 8 ou 12, 16, 20 ou 24 kDa. | • La sous unité de 12 kDa est une protéine inhibitrice de protéase inhibe le recrutement des neutrophile<br>• Induit la différenciation de Th0 vers Th2.<br>• Régulation de la synthèse des IgE, IgG4.<br>• Interférence avec la réponse inflammatoire. | Rigano.R et al., 2001 ; Meziuog, 2002 ; Ait Aïssa, 2002 ; Ortona et al., 2005. |
| Lipoprotéine supplémentaire (EmP2) | • LH.<br>• ML. | Lipoprotéine de 116 kDa constituée de 3 sous unités 45, 66, 75, reliées entre eux par des ponts disulfures.<br>Ce polypeptide est sensible aux traitements par les pronases, trypsines et pepsines. | | Lightowlers et al., 1989.<br>Kanwar, 1993.<br>Kones, 1996. |

Chapitre 1 : Généralités

| | | | |
|---|---|---|---|
| Ag 880 | • LH. | Lipoprotéine de 240 kDa et un pHi de 4,2. | Njeruh et al., 1989. |
| P-29 cyclophilin A (cypA) | • LH.<br>• Tégument des PSC<br>• Mb Germinative. | Une protéine de 29 kDa.<br>Protéine cytosolique de 16 kDa. | Irigoin, F et al., 2002.<br>Ganzalez et al.,<br>Taherkhani et al., 2000. |
| IP-6 myo-inositol hexaksphosphate | • LH (9μg/ml).<br>• ML (associé avec le Ca+2).<br>• Absent au niveau du PSC et MG. | Composé intrinsèque à destination De structure extracellulaire Immobilisé par le Ca+2 (soluble en présence de l'EDTA). | • Inhibe l'activation du complément.<br>• Cofacteur lors de la réplication d'ADN<br>• Transfert du ARNm du noyau au cytosol.<br>• Intervient dans les échanges rapides entre le cytosol et la membrane.<br>• Maintien de la structure de la membrane laminaire. | Irigoin et al., 2002. |
| Cathepsin K | • Cellules inflammatoires.<br>• ML.<br>• Mb Germinative<br>• Cellules épithélioïdes et multinucléaires Géantes constitutives du granulum au tour du parasite. | • Cystéine protéase.<br>• Existe sous deux formes, procatepsin K de 40 kDa et cathepsin K de 29 kDa actif à pH8. | • Potentiel protéinase peut contribuer à la destruction du parasite par la réponse inflammatoire de l'hôte et la survie du parasite associée à l'inhibition de la cathapsin K de l'hôte avec un mécanisme inconnu.<br>• Responsable de la réponse Granulomateuse et contrôle de la réaction inflammatoire.<br>• Rôle majeur dans la digestion extracellulaire dans la réaction granulomateuse.<br>• [     ] pécifique du matériel extracellulaire : fibrinogène, ostéonectine de type I, collagène de type I, élastine et gélatine.<br>• Rôle important dans la physiologie du | Alvaro Diaz et al., 2000. |

Chapitre 1 : Généralités

| | | | granulum. | |
|---|---|---|---|---|
| Lectine carboydrate antigène (Em2) | • LH.<br>• ML. | | Protéine de 54 kDa. | Taherkhani et Rogon, 2000 ; Gottestein et al., 2002. |
| Glycoprotéine | • ML. | | Glycoprotéine de 50-66, 25-29 kDa . C'est un α-méthyl-D-Mannoside, N-Acétyl β-D glucosamine, α-L- Fucose, N-Acétyl-β-D-galactosamine. | Taherkhani et Rogon, 2000 ; Gottestein et al., 2002. |

## Chapitre 2 : les cytokines.
**Introduction** :

Les communications intercellulaires qui interviennent dans les réactions immunitaires spécifiques et non spécifiques, innées et adaptatives et dans l'inflammation mettent en jeu deux mécanismes principaux :

Le premier fait appel à l'interaction stéréospécifique entre molécules complémentaires des membranes des deux cellules par l'intermédiaire des molécules d'adhérences.

Le deuxième mode de communication utilise des molécules messages solubles ou médiateurs qui comprennent : les hormones stéroïdes ou peptidiques, les neurotransmetteurs, les neuropeptides, les médiateurs lipidiques (Leukotriène, PAF-acether, PGE… .), des anaphylatoxines du système de complément (C5a, C3a, C4a.).

La communication est assurée principalement par des molécules protéiques le plus souvent glycosylées, dont le PM varie entre 8 et 50 kDa ; appelées cytokines (Galanaud, 1993).

### 1-Définition :
Le terme cytokine regroupe un ensemble d'événements impliqués dans les réactions immunitaires, inflammatoires ; elles modulent les capacités fonctionnelles de nombreux types cellulaires et jouent un rôle essentiel au cours du développement de la réaction immunitaire en contrôlant l'activation, la prolifération, la différenciation et l'apoptose de cellules de l'immunité (Pouvert, 1997). De plus elles interviennent dans le contrôle de l'hématopoïèse et participent aux réactions inflammatoires aux phénomènes de résorption osseuses, de fibrose et du chimiotactisme (Galanaud, 1993). Elles se distinguent des autres facteurs par la grande diversité des cellules qui les produisent (Touil-Boukoffa et *al*., 2000 ) et le grand nombre de leurs cibles potentielles, impliquant autocrine, paracrine, voire endocrine (Touil-Boukoffa, 1998 ; Touil-Boukoffa et *al*., 2000). De plus, elles se caractérisent par une forte redondance de leurs activités.

Chapitre 2: les cytokines

## 2-Caractéristiques :

La synthèse des cytokines est inductible, elles sont synthétisées par les cellules en réponse à un signal activateur (antigène ou agent mitogènique).Leur production peut être modulée par divers facteurs dont les cytokines elles-mêmes enclenchant un réseau complexe contrôlant la réponse immunitaire (Touil-Boukoffa et *al.*, 2000 ; Guenane et *al.*, 2006). Les cytokines possèdent une structure primaire formée d'hélice α. D'autres sont organisées en feuillet β (TNF-α) ou encore constituées d'un hélice α et feuillet β (IL-18).

Elles possèdent en majorité un nombre variable de sites de glycosylation possibles et des ponts disulfure indispensables à leur activité biologique. En effet, chaque cytokine est le produit d'un gène unique (Touil-Boukoffa, 1998 ; Takada et Aggarwel ,2004).

Les cytokines se distinguent des facteurs de croissance dont la production est constitutive. Elles se différencient également des hormones par leurs nombreuses sources potentielles, par leur large spectre d'action impliquant une multiplicité de leurs cellules cibles et leur mode d'action autocrine, endocrine et paracrine.

## 3-Classification :

Les cytokines sont regroupées en familles définies, le plus souvent suivant un type d'activité, selon des caractéristiques biochimiques et structurales, cette classification est parfois arbitraire : certains médiateurs possédant un large un

spectre d'activité débordant du cadre restreint de la famille (Genetet,1997) . Ainsi on retrouvera :

### 3-1-Les interleukines :(de IL-1 à IL-33) :

Elles sont des médiateurs agissant entre les leucocytes, elles se divisent en deux sous familles :

### 3-1-1- Les lymphokines :

Elles sont sécrétées principalement par les lymphocytes. (Janeway, 2003).

### 3-1-2-Les monokines :
Elles sont sécrétées par les cellules myéloïdes (Lydyard et al., 2002).

### 3-2-Les interférons :
Ils représentent une famille hétérogène de cytokines (Manninier, 1993) qui peuvent être classés sur la base de leurs origine, caractéristiques biochimiques et leurs déterminants antigéniques, ainsi les interférons sont regroupés en 5 types α, β, γ, ω, τ, qui en été regroupés selon l'homologie de leurs séquences en deux sous-classes :

- Sous-classe I : IFN-α et IFN-β.
- Sous- classe II : IFN-γ.

### 3-3-Facteur de nécrose du Tumeur (TNF) : TNF-α et TNF-β.

### 4-Les récepteurs des cytokines :
Les cytokines agissent sur leurs cellules cibles en se liant avec une forte affinité à des récepteurs spécifiques composés d'un assemblage de sous unité formant un complexe multimérique exprimé à la surface des cellules cibles (Fig 2).

L'interaction Cytokine - Récepteur à la surface extérieure de la membrane cytoplasmique traduit une cascade d'événements biochimiques intracellulaires comportant l'activation séquentielle d'enzymes comme les phosphorylases et les phosphatases.Cet enchaînement de réactions enzymatiques conduit à l'activation de la transcription des gènes cellulaires et à la synthèse de nouvelles protéines (Fradelizi, 1998).Le clonage de cDNA des récepteurs et l'étude de l'homologie de leurs structures ont permis de les classer en plusieurs classes (Bazan, 1990 ; Shepherd et Abdohasilina, 1997)

➢ La famille des récepteurs des hématopoïétines (classeI) se distingue par une forte homologie se situant dans la partie extracellulaire (NH2-terminale) et portant sur une région de 210 AA avec 14 feuillets β antiparallèles. Il a été rapporté l'existence de deux séquences fortement conservées : quatre résidus cystéine situés dans la partie NH2-terminale et motif Trp-Ser-X-Ser-Trp dans le domaine extracellulaire. Il est à signaler

Chapitre 2: les cytokines

que les domaines cytoplasmiques des récepteurs de cette classe sont dépourvus d'activité kinase intrinsèque.

➢ La famille des récepteurs des interférons (Classe II) inclut les récepteurs de

l'IFN-α,γ, ainsi que les récepteurs de l'IL-10. Dans cette famille, il a été signalé que l'IFN-α et β partagent le même récepteur tandis que l'IFN-γ se fixe sur un autre type. Ces récepteurs se caractérisent par la présence de cystéines conservées dans les extrémités N et C terminales, absence du motif WS-X-WS et par l'absence de l'activité kinase.

➢ La famille des récepteurs regroupés avec la superfamille des immunoglobulines inclue les récepteurs de l'IL-1 (RIL-1 de type I et RIL-1 de type II), du PDGF, de l'EGF et du M-CSF. Seuls les deux récepteurs de l'IL-1 ne possèdent pas de tyrosine kinase dans leur domaine intracellulaire.

➢ La classe des récepteurs de TNF regroupe le récepteur du TNF-α de type I de 55 kDa (TNF-α-R-55), le récepteur du TNF-α de type II de 75kDa (TNF-α -R- 75) et des molécules de surface telles que le CD40 et le FAS. Cette classe est caractérisée par la présence de cystéines répétées dans le domaine extracellulaire caractérisée par la présence d'une activité sérine/thréonine kinase dans le domaine cytoplasmique.

➢ Les récepteurs des chémokines comme le récepteur de l'IL-8 possèdent,

à l'instar des récepteurs classiques, sept segments transmembranaires et ils sont liés à la protéines G. Ces récepteurs possèdent des sérines et des thréonines au niveau du domaine C terminal et qui peut être le site de phosphorylation qui jouerait un rôle important dans la transduction du signal (Guenane et *al.*, 2002 ; Mezioug et Touil-Boukoffa,2005).

Chapitre 2: les cytokines

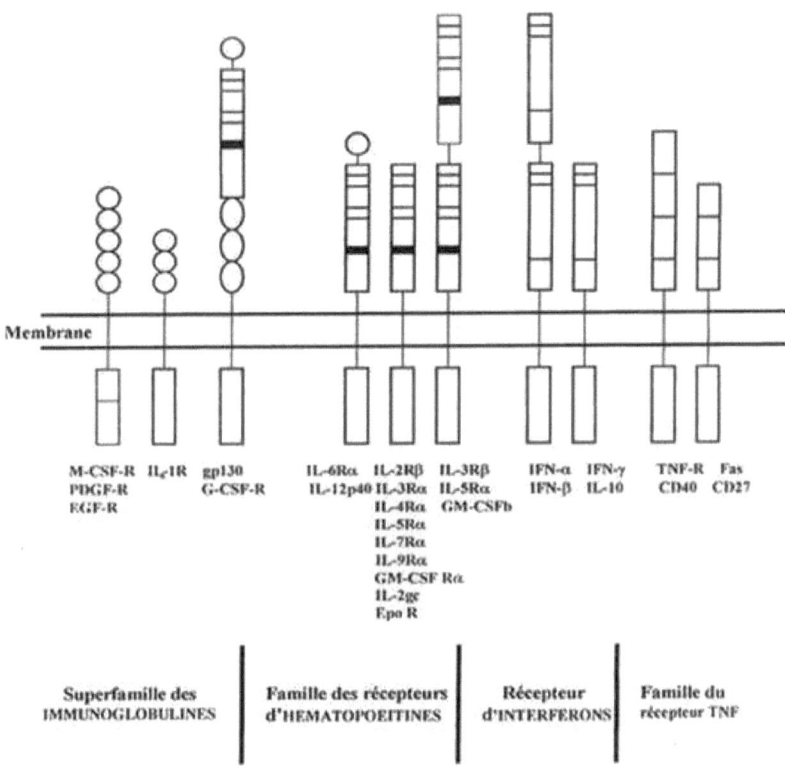

Fig 2 Structure des récepteurs de cytokines (Shepherd et Abdohasilina, 1997)

4-1-Récepteurs des cytokines et Janus-kinases :

L'étude des mécanismes d'actions des interférons par complémentation entre lignées cellulaires sensibles et résistantes à ces cytokines, a conduit à la découverte d'une nouvelle famille de PTK, les Janus-kinase ou Jak, et de facteurs de transcriptions les

STAT(Signal Transducer and Activator of Transcription) utilisées par un grand nombre de récepteurs de cytokines (O'Shea , 2000).

La famille de Jak comprend actuellement 4 membres: Jak1, 2 et 3, TyK2 et celle des STAT, 7 membres STAT, 1, 2, 3, 4, 5A, 5B et 6.

La liaison de la cytokine au récepteur entraine une oligomérisation des récepteurs et l'activation par phosphorylation réversible des Jak associées aux régions cytoplasmiques des chaines du récepteur (Fig 3 ).

Les facteurs STAT présents dans le cytoplasme sous forme monomérique inactive, sont phosphorylés par l'action des Jak, ce qui conduit à leurs dimérisation par interaction de leur domaine SH2 avec les phospho-Tyrosines. La forme dimérique de STAT (homo ou hétérodimères ) est transloquée vers le noyau où elle se lie à des séquences d'ADN spécifiques. Différentes combinaisons de Jak et STAT sont utilisées par chaque cytokine (Fig 3 ) (Timothy et al., 1997).

## 5-Régulation de l'expression des cytokines:

L'expression des cytokines est régulée à différents niveaux par divers signaux dont les cytokines elles mêmes. La régulation est transcriptionnelle ou post-transcripionnelle (telle que la stabilité des ARNm) ou traductionnelle et post traductionnelle.La régulation au niveau transcriptionnel est due à l'activation et/ou l'induction de l'expression de facteurs de transcription dont l'un des principaux est le facteur NF-kB qui régule l'expression de nombreux gènes de cytokines.La régulation au niveau post-transcriptionnel est principalement assurée par les récepteurs solubles de cytokines et les anticorps anti-cytokines.

Les récepteurs solubles correspondent aux domaines extra-cellulaires des récepteurs pour les cytokines, libérés par protéolyse après que les cellules aient été activées par la cytokine correspondante. En se combinant avec la cytokine dont ils sont spécifiques, ces récepteurs solubles l'empèchent de se fixer sur les récepteurs cellulaires, et par la même, inhibent son action.

Les auto-anticorps anti-cytokines sont détectables dans le sérum de la plupart des sujets sains; ils pourraient modérer les réactions inflammatoires et

Chapitre 2: les cytokines

l'hypersensibilité en neutralisant les cytokines correspondantes (Timothy et *al*.,1997).

## 6-Le TNF-α:

Le TNF (tumor necrosis factor) est classé parmi les cytokines à large spectre d'action. C'est un médiateur de l'immunité naturelle car sa sécrétion ne nécessite pas l'intervention d'un antigène.

L'origine du terme TNF vient d'observations anciennes de nécrose hémorragique de tumeurs chez certains patients lors d'une infection bactérienne. Par ailleurs, chez l'animal infecté par des parasites comme Trypanosoma brucei, il a été observé une anorexie, une cachexie et une hyperlipémie dues à l'inhibition de la lipoprotéine lipase. Cette cachexie était provoquée par un facteur inconnu appelé cachectine. L'identité du TNF et de la cachectine a par la suite été démontrée.

Les sources de cette cytokine sont essentiellement les macrophages et secondairement les lymphocytes T (les sous populations CD4 –TH1) pour le

TNF-α et les lymphocytes T (les sous populations CD4 et CD8) pour le TNF-β. Dans le macrophage avant son activation le messager TNF est présent mais non traduit, l'exposition aux LPS déclenche à la fois une augmentation de la transcription , la mobilisation du messager et sa traduction. Des souris résistantes au LPS ont une transcription et une mobilisation diminuée, ce qui se traduit par une absence de production du TNF. Par ailleurs, il est admis que les glucocorticoïdes inhibent toutes les phases de biosynthèses du TNF, depuis la transcription, la mobilisation jusqu'à la traduction (Fier, 1991; Denis, 1991 ; Touil-Boukoffa, 1998).

### 6-1-Caractéristiques biochimiques:

TNF-α est une protéine trimérique de 45-65 kDa, existe sous deux états : précurseur, constitué de 233 AA et une forme mature après clivage de la séquence signal de 157 AA. (Fiers, 1991 ; Chen et Goeddel, 2002).

Cette protéine est codée par un gène constitué de 4 exons et 3 introns localisés respectivement sur le bras court du chromosome 6 du gène du CMH.

## 6-2-Les sources cellulaires du TNF-α :

Le TNF-α est sécrété par les monocytes et les macrophages, les lymphocytes et les mastocytes. Il est synthétisé sous la forme d'un précurseur, un pro-TNF qui,

sous l'influence d'une endopeptidase à zinc, donne le TNF-α. Alors que le TNFß est sécrété essentiellement par les lymphocytes T activées.

La sécrétion de TNF est stimulée par l'endotoxine qui est un lipopolysacharide provenant de bactéries gram négatif, mais également par des extraits de membranes d'autres germes : virus, champignons, ainsi que les membranes de cellules tumorales. Sa sécrétion est également augmentée par l'IL-1 et l'IL-2 ainsi que l'interféron-γ. Elle est, par contre, réduite par les anti-inflammatoires stéroïdiens tels que le dexaméthasone (Fiers, 1991 ; Franitza et *al.*, 2000).

## 6-3-Les signaux d'inductions de la synthèse du TNF-α :

La liaison des molécules activatrices de la synthèse du TNF-α aux récepteurs spécifiques entraîne l'oligomérisation des récepteurs homophiles ou hétérophiles. La juxtaposition des Janus Kinases (Jak) entraîne leur phosphorylation réciproque, leur activation et le recrutement de STAT cytoplasmiques qui, par phosphorylation de leurs tyrosines forment des homo- ou hétéro-dimères (par liaison Y-P au domaine SH2) transloqués dans le noyau où ils exercent leur activité de facteurs de transcription (Fig. 3).

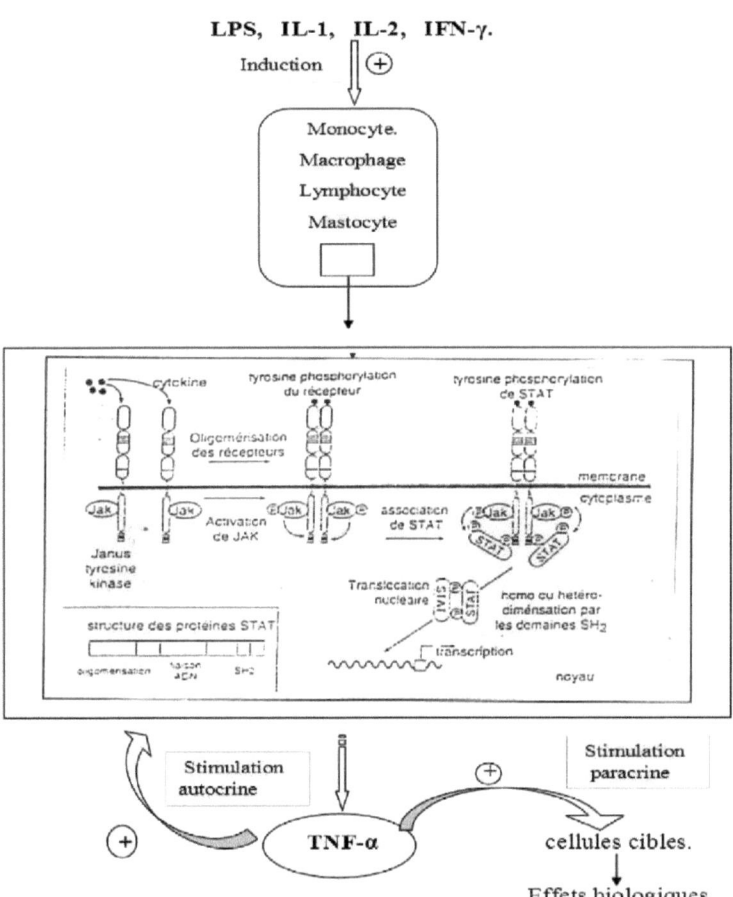

**Fig 3 : Cascade d'induction de la synthèse du TNF-α** (Franitza et al., 2000 ; Chen et Goeddel, 2002).

Chapitre 2: les cytokines

## 6-4-Les récepteurs du TNF-α :

La présence des récepteurs a été rapportée sur tous les types cellulaires à l'exception des érythrocytes et des lymphocytes T non stimulés. Le nombre de récepteurs exprimés varie de 200 à 10000 selon les types cellulaires (Aggarawal et *al.*, 1985 ; Smolen et *al.*, 2000 ). Il existe trois types de récepteurs :

Le TNF-RI ou TNF-R55 : avec un PM de 55 kDa, ce type de récepteur représente une forte affinité pour le TNF soluble ( Chen et Goeddel, 2002).

   Il s'exprime de manière constitutive et en faible quantité.

♦ Le TNF-RII ou TNF-R75 : avec un PM de 75 kDa, il se lie préférentiellement à la forme membranaire et à la lymphotoxine α (Fiers, 1991). C'est la forme inductible, présente sur les monocytes.

♦ Le 3$^{ème}$ type de récepteur LTβR ou TNF Rrp.

Le TNF-RI possède dans sa partie intra-cellulaire un domaine spécialisé dit « death domain » un domaine de « mort cellulaire » dont l'activation enclenche une cascade d'événements biochimiques conduisants à la mort cellulaire par apoptose.

Le TNF-RII ne possède pas ce domaine, mais une séquence impliquée dans la transduction de signaux d'activation du facteur de transcription NF-kB et prolifération cellulaire (Fiers, 1991) (Fig 4)

Les deux récepteurs (TNF-RI, TNF-RII) transmettent des signaux d'activation mais ils sont associés à des fonctions différents. Ils peuvent être libérés sous forme solubles par clivage protéolytique ou sécrétés stimulées par différentes cytokines (dont le TNF-α).

La forme soluble et le TNF-RI interviennent surtout dans les réactions inflammatoires systémiques, la forme membranaire, les TNF-RII et LTβR dans les réactions inflammatoires locales et développement du tissu lymphoïde (Fiers, 1991).

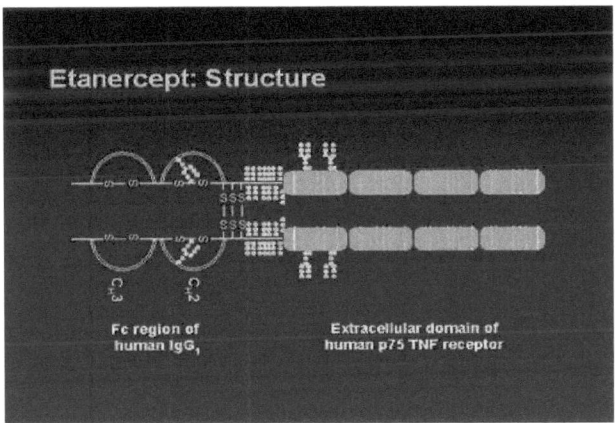

**Fig. 4 : Structure du récepteur du TNF-α** ( Smolen et *al.*, 2000)

### 6-5-Les cellules cibles du TNF-α :

Le TNF-α a un très large spectre d'action et son récepteur est exprimé dans la plupart des cellules, ce qui explique la diversité des phénomènes et des réactions immunitaires induite par cette molécule (Hamblin, 1993. Cavaillon et *al.,* 1993 ; Smolen et *al.*, 2000). Parmi les cibles cellulaires on site :

- Cellules tumorales.
- Lignées cellulaires transformées.
- Fibroblastes.
- Macrophages.
- Ostéoclastes.
- Neutrophiles.

Chapitre 2: les cytokines

- Adipocytes.
- Eosinophiles.
- Cellules endothéliales.
- Chondrocytes.
- Hépatocyte

**6-6-Transduction du signal d'activation par le TNF- α :**
La liaison du TNF- α à son récepteur provoque des effets variables selon la voie de signalisation mise en jeu, il induit les événements biochimiques suivants :

> L'activation des récepteurs du TNF- α lié à la protéine G monomérique de type Ras, après les échanges GTP/GDP, elle participe à l'activation du facteur transcriptionnel NF-kB en empruntant la voie des MAP Kinase, elle participe ainsi à la prolifération des cellules et à l'activation de la synthèse du TNF- α qui va agir sur la cellule productrice elle même par action autocrine. Elle produit d'autres protéines tells que la NO synthase inductible (la NOSII) (Jaramillo et al., 2004).

> La liaison du TNF- α à des récepteurs de type tyrosine kinase induit un auto-phosphorylation des récepteurs dans de domaine kinase qui conduit à l'activation de la PLC, qui dégrade le PIP2 en DAG et IP3 ; ce dernier en se fixant sur des récepteurs IP3R sur le REL permet la libération d'un autre messager intracellulaire, le $Ca^{2+}$ induit la PKC qui participe à la série de phosphorylation des MAPK et active le facteur de transcription NF-kB (Takada et Aggarwel ,2004). Il engendre les évènements suivants :

> L'inhibition de la lipoprotéinase lipase.

> L'activation du métabolite de l'acide arachidonique provoquant une conversion partielle en prostaglandines (Fiers, 1991). Cet effet joue un rôle incontestable dans l'expression de la cytotoxicité.

> L'implication dans l'activation de l'ADP ribose polymérase et d'autres endonucléases

Chapitre 2: les cytokines

➢ La production de radicaux libres dus à un désordre de transfert d'électrons a été rapportée et porte essentiellement sur la formation d'oxygène réactif engendrant l'oxydation des lipides et des protéines et conduisant à leur dégradation.

Le TNF-α induit également la synthèse de protéines protectrices dont la ferritine et la manganèse superoxydismutase (enzyme mitochondriale déactivant le superoxyde). Ce rôle apparaît déterminant pour certaines cellules cancéreuses présentant très souvent une déficience pour cette enzyme (Fiers, 1991).

**6-7- TNF-α et apoptose :**

**6-7-1- La voie TNF-TNF-R :**

**6-7-1-1- La voie des récepteurs TNF-R1 et –2 :**
Le TNF-α est sécrété principalement par les macrophages et les lymphocytes activés en réponse à une infection. Ce facteur agit en se liant aux récepteurs de type 1 et 2 (TNF-R1 et TNF-R2) et active plusieurs voies de signalisation. Les deux récepteurs sont des récepteurs transmembranaire qui diffèrent par leur partie cytoplasmique : le TNF-R1 posséde un domaine DD contrairement au TNF-R2. Ces deux récepteurs peuvent induire un signal de survie cellulaire mais TNF-R1 peut également provoquer un signal de mort par son domaine DD. TNF-R1 peut être synthétisé en réponse à une stimulation par les cellules T activées et les macrophages. La liaison du TNF à son récepteur peut aussi bien conduire à l'activation des facteurs de transcription NF-kB et AP-1 (anti-apoptotiques) qu'à l'apoptose (Hsu et al., 1995 ; (Takada et Aggarwel ,2004) (Figure 5).

➢ La fixation du TNF-α provoque une trimérisation de TNF-R1 permettant la liaison de la protéine adaptatrice TRADD pour « TNF-R associated death domain ». Celle-ci va à son tour recruter FADD par son domaine DD. De la même façon que lors de l'apoptose induite par le récepteur Fas, la caspase-8 ou -10 va être activée par l'apoptosome TNF-R1/TRADD/FADD afin d'agir sur les caspases effectrices -3, -6 et -7 (Figure 5).

Chapitre 2: les cytokines

Toutefois, TNF-R1 peut également activer une voie indépendante de FADD via la protéine RIP (« receptor interacting protein »), cette voie étant moins fréquente que la voie dépendante de FADD. TRADD possède un domaine DD qui peut s'associer à la protéine RIP. Cette dernière s'associe à la protéine RAIDD («RIPK1 Domain containing Adapter with DD») qui possède un domaine CARD («caspase recruitement domain»), domaine également présent sur les caspases-3, -9 et -2. Bien que l'activation des caspases-8 et -10 soit dépendantes de FADD, l'activation de la caspase-2 est indépendante de FADD et se fait grâce à l'apoptosome TNF-R1/TRADD/RIP/RAIDD (Karin et Lin, 2002) (Figure 5).

Le TNFα peut également induire un signal de survie cellulaire grâce à deux types de protéines adaptatrices, TRAF-2 («TNF-R-associated factor-2») et RIP. TRAF-2 et RIP induisent la survie cellulaire par l'activation de la voie MAP kinase et par la voie NF-kB respectivement. NF-kB est souvent décrit comme un facteur répresseur de l'apoptose alors que la MAPK peut aussi bien inhiber qu'induire l'apoptose. L'activation de NF-kB se fait par l'induction de la kinase NIK pour «NF-kB-inducing kinase». Cette kinase va activer la kinase IKK «inhibitor of kB (I-kB) kinase» en la phosphorylant ce qui va permettre la dissociation du complexe NF-kB/I-kB et la dégradation de I-kB favorisant l'activation transcriptionnelle de NF-kB (Figure 5).

Le récepteur TNF-R2 ne possède pas de domaine DD cytoplasmique mais la liaison du TNFα à TNF-R2 conduit à l'interaction de TRAF-1 et -2 au domaine de TNF-R2 cytoplasmique. Il a été rapporté que TNF-R2 jouait un rôle important dans la régulation de l'apoptose médiée par TNF-R1 (Declercq et *al.*, 1998).

Le récepteur DR3 ressemble au récepteur TNF-R1, et induit l'apoptose de la même façon grâce aux protéines TRADD, FADD et caspase-8. Le ligand de ce récepteur, Apo3L est proche du TNF mais il est synthétisé de façon constitutive dans tous les tissus contrairement au TNF qui est synthétisé après activation de macrophages et de lymphocytes

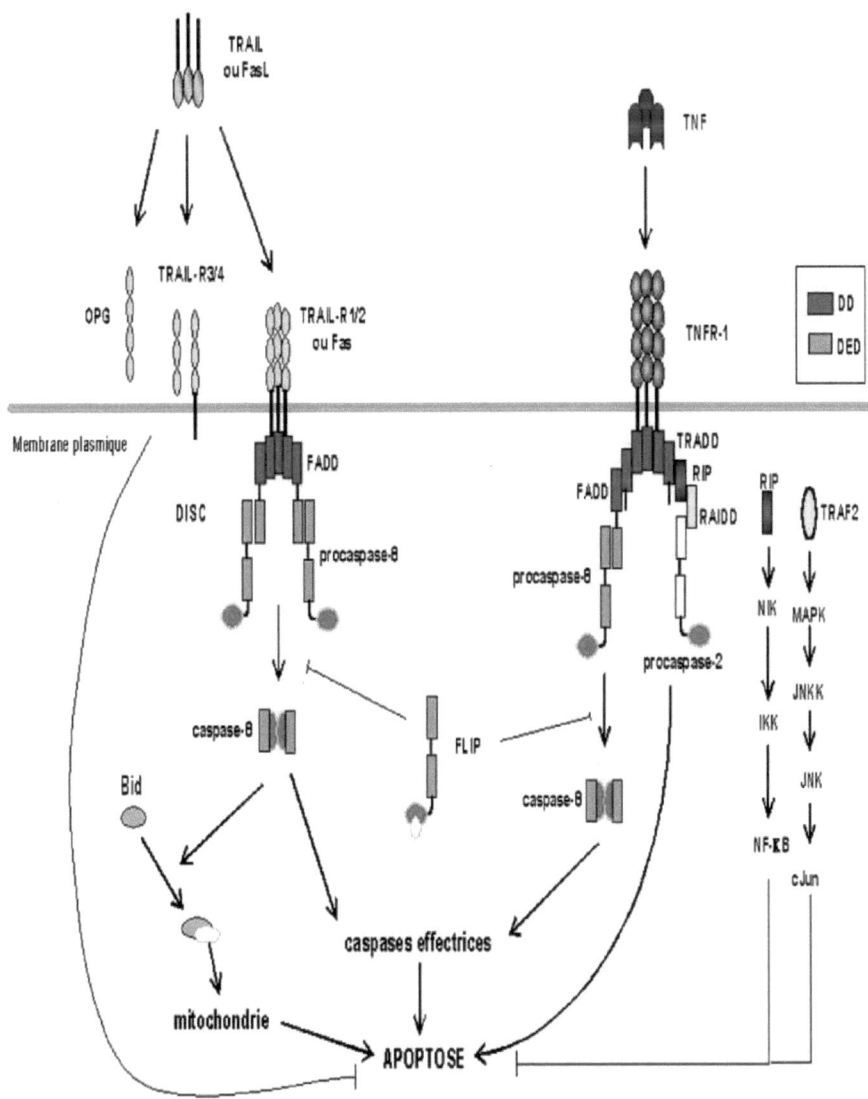

**Fig. 5 : La voie des récepteurs de l'apoptose (Gupta, 2003)**

### 6-7-1-2- La voie des récepteurs TRAIL (Apo-2L) :

Les ligands similaires au TNF induisant l'apoptose (TRAIL, «tumor necrosis factor-related apoptosis inducing ligand» ou Apo2L) sont des protéines transmembranaires d'environ 34 kDa, pouvant former des trimères et qui sont des membres de la famille du TNF. L'interaction entre TRAIL et les récepteurs TRAIL-R1 (DR4) et/ou TRAIL/R2 (DR5, Apo-2, TRICK2, Killer) induit rapidement la mort cellulaire dans les cellules cibles qui sont principalement des cellules tumorales (Pitti et *al.*, 1996, Mariani et *al.*, 1997). Les ligands TRAIL et leurs récepteurs sont exprimés de façon constitutive dans beaucoup de tissus (Pitti et *al.*, 1996), ce qui suppose l'existence d'un mécanisme de contrôle de l'apoptose induite par TRAIL. La liaison du ligand au récepteur permet l'interaction de ce complexe avec des protéines adaptatrices comme FADD décrite auparavant ou TRADD. Le déroulement de la signalisation induite par les récepteurs TRAIL-R1 et TRAIL-R2 se rapproche de celle induite par la voie FasL/Fas (Figure 5). En effet, la procaspase-8 est activée par interaction des DED présents sur les protéines adaptatrices ainsi que sur la procaspase-8. Trois autres récepteurs appartenant à la famille des récepteurs de TRAIL ont été identifiés : TRAIL-R3 (DcR1, TRID, LIT), TRAIL-R4 (DcR2, TRUNDD) et l'ostéoprotégérine (OPG). Ils fonctionnent comme modulateurs interférant avec l'activité des récepteurs de mort car ils ne possèdent pas de domaines propres intracytoplasmiques ; pour cette raison, ils sont considérés comme étant non-apoptotiques et représentent un mécanisme de contrôle de l'apoptose induite par TRAIL (Figure 5). L'ostéoprotégérine a été récemment décrite comme étant un récepteur soluble pouvant se lier à TRAIL et inhiber son action (Emery et *al.*, 1998).

### 6-7-1-3- La régulation de la voie apoptotique médiée par les récepteurs :

L'apoptose médiée par cette voie est régulée notamment au niveau de l'assemblage du complexe DISC ou au niveau de son activité. La protéine FLIP ou «Flice-inhibitory protein» est une isoforme de la caspase-8 contenant 2 domaines DED mais pas de site catalytique. Elle agit en entrant en compétition avec les caspases-8 et -10 et en empêchant leur recrutement au niveau du DISC (Figure 5). Deux isoformes de FLIP ont été identifiées, la forme cellulaire longue et la forme cellulaire courte. Toutes deux sont capables de bloquer l'induction de l'apoptose mais il semblerait qu'elles agissent différemment au niveau du clivage de la caspase-8 (Krueger et *al.*, 2001). La surexpression de FLIP induit une résistance à l'apoptose médiée par les récepteurs. De plus, il a été montré que FLIP pouvait induire l'activation du facteur de transcription NF-kB ainsi que la voie de signalisation impliquant ERK (« extracellular signal-regulated protein kinase ») (Kataoka et al., 2000). Par conséquent ces protéines agissent commes des protéines anti-apoptotiques.

Un autre type de régulation se fait au niveau du récepteur lui-même. En effet, la plupart des récepteurs du TNF existent également sous forme soluble suite à un épissage alternatif ou à une protéolyse. Ces formes solubles entrent donc en compétition vis-à-vis de la forme transmembranaire du récepteur avec le ligand, bloquant ainsi le recrutement de protéines adaptatrices et par conséquent l'activation des procaspases initiatrices. De plus, ces formes solubles possèdent un domaine PLAD pour «preligand assembly domain», domaine nécessaire à la trimérisation de ces récepteurs mais bien distinct du domaine de liaison au ligand. Ceci suggère alors une éventuelle activité des récepteurs indépendante de la fixation du ligand. La découverte de ce domaine PLAD par Papoff et al. (1999) et Siegel et al. (2000) remet en cause le modèle d'assemblage des récepteurs sous forme trimérique suite à l'homotrimérisation du ligand décrit par Orlinick et al. en 1997. Papoff et al. (1999) et Siegel et al. (2000) ont montré que Fas pouvait s'assembler en trimère indépendamment de la fixation de son ligand, mais que cet assemblage était nécessaire à la liaison du ligand.

### 6-7-1-4- Amplification de la voie des récepteurs de mort :

La voie classique des récepteurs de mort se produit dans les cellules exprimant la procaspase-8 de façon importante, mais dans les autres types cellulaires, cette voie doit être amplifiée par la voie mitochondriale grâce au recrutement de la protéine Bid par la caspase-8 (Figure 5). En effet, la caspase-8 clive Bid, un membre de la famille Bcl-2, au niveau N-terminal permettant l'exposition de son domaine BH3. La translocation rapide de la forme tronquée de Bid du cytosol vers la membrane mitochondriale suggère un mécanisme spécifique similaire à celui de l'association de ligand à un récepteur (Wang et al., 1996). Les protéines assimilées à des récepteurs pourraient être les protéines Bax ou Bcl-2. L'exposition du domaine BH3 permet à Bid de s'insérer dans la membrane mitochondriale et de se lier à Bax ou à d'autres protéines pro-apoptotiques. Bid provoque ainsi la libération du cytochrome c induisant l'activation de la caspase-9 puis de la caspase-3 (Gupta, 2003).Une autre protéine faisant la jonction entre les deux voies a été identifiée. Il s'agit de la protéine BAR (« bifunctional apoptosis regulator »), protéine régulatrice capable de s'associer aux molécules anti-apoptotiques Bcl-2/Bcl-$X_L$ par un domaine SAM (« sterile alpha motif ») ainsi qu'à la caspase-8 par le domaine DED (Zhang et *al.*, 2000). Une autre voie de signalisation de Fas indépendante de la caspase-8 a été suggérée mettant en évidence l'implication de la sérine-thréonine kinase RIP («receptor-interacting protein») (Pitti et *al.*, 1996).

## 6-7-2 -Le NF-kB :

### 6-7-2- Les principaux rôles de NF-kB :

#### 6-7- 2- 1- Rôle dans le système immunitaire et l'inflammation :

Le NF-kB régule la réponse inflammatoire, la réaction immunitaire et la croissance cellulaire en induisant l'expression de gènes spécifiques. Les gènes régulés par ce facteur de transcription sont ceux codant pour les cytokines, les chimiokines, les récepteurs impliqués dans la réaction immunitaire (Figure 6). Les cytokines induites par NF-kB comme l'IL-1β et le TNF-α peuvent également activer NF-kB, ainsi par une boucle d'autorégulation positive elles amplifient la réponse inflammatoire et augmentent la durée de l'inflammation chronique. La voie NF-kB est importante pour le contrôle de la réponse immunitaire puisqu'elle permet la différenciation des lymphocytes B en plasmocytes ainsi que la différenciation des lymphocytes T par la régulation de la production de l'IL-2 (Gerondakis et *al.*, 1998). Le facteur de transcription NF-kB est impliqué dans la pathogénèse de maladies inflammatoires chroniques comme l'asthme ou l'arthrite rhumatoïde mais aussi dans l'athérosclérose et la maladie de Crohn par l'induction de gènes codant pour des cytokines. NF-kB stimule également l'expression d'enzymes dont les métabolites sont impliqués dans la réaction inflammatoire aigüe comme la NO-synthase et la cyclooxygénase-2 qui génère les prostanoïdes (Pahl, 1999) (Figure 6).

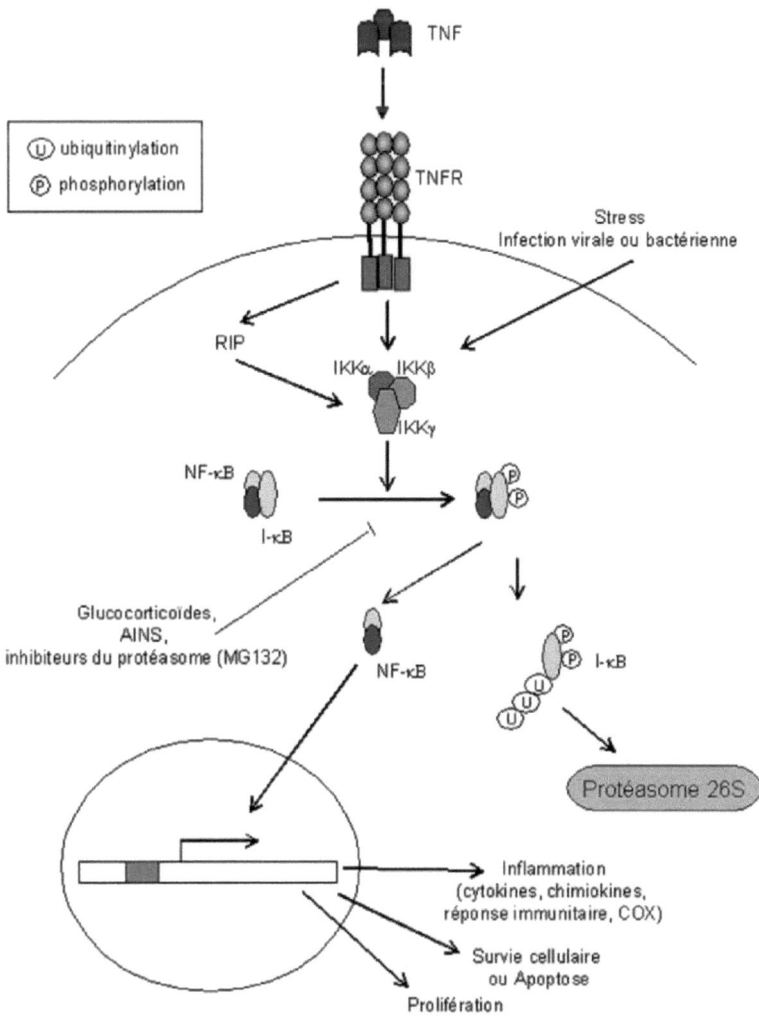

**Fig. 6 : Activation du facteur transcriptionnel par le TNF-α et rôles de NF-kB (Pahl, 1999).**

## 6-7-2-2- Rôle du NO dans l'apoptose :

La production de grandes quantités de NO est potentiellement cytotoxique. Il a été démontré qu'une activation des NOSII (inductible) ou un apport exogène entraînent une mort cellulaire apoptotique mesurée selon des critères morphologiques représenté essentiellement par condensation de la chromatine ou biochimiques comme l'accumulation de P53, modification de l'expression de BCL2).La sensibilité au NO peut néanmoins varier considérablement selon les cellules.

Le NO peut agir comme un indicateur ou un régulateur de l'apoptose, ou être marqueur d'une cytoprotection cet effet est observé lorsque le NO se lie à l'anion superoxyde qui est produit simultanément .L'interaction $NO-O_2^-$ est cytoprotectrice tant que la glutathion réduit peut compenser le stress oxydatif résultant (Szabo et Ohshima, 1997).

De plus le NO peut aussi médier l'expression de gêne protecteur qui eux-mêmes modulent l'action du NO dans l'apoptose (Bernard, 1998).

## 6-7-2-3- Rôle dans la régulation de l'apoptose et de la prolifération

Le facteur NF-kB est également un médiateur clé de l'induction de gènes impliqués dans le contrôle de la prolifération cellulaire et de l'apoptose (Barkett et Gilmore, 1999) (Figure 6). NF-kB a été décrit comme un inhibiteur de l'apoptose principalement induite par le TNF-α (Baldwin, 1996). De plus, il a été montré qu'IKKβ était indispensable pour la survie cellulaire (Li et al., 1999). Les gènes codant pour les IAPs (c-IAP1, c-IAP, et XIAP), pour FLAP, TRAF-1 et TRAF-2 et pour des homologues de Bcl-2 sont des gènes anti-apoptotiques directement activés par NF-kB. En activant les IAPs, NF-kB empêche l'activation des caspases mais il peut aussi induire l'expression de membres de la famille Bcl-2 comme Bcl-$X_L$ qui est anti-apoptotique ou inhiber l'expression de Bax pro-apoptotique (Bentires-Alj et al., 2001). NF-kB est également fortement activé dans certains cancers (cancers du sein, des ovaires, de la prostate, du côlon) ainsi que dans

l'initiation de l'apoptose des neurones dans la maladie d'Alzheimer (Yamamoto et Gaynor, 2001).Une activation de Hsp70 par l'arsenic diminue l'apoptose dans les cellules endothéliales, cette activation de Hsp70 semble être liée à une diminution de l'activation de NF-kB. Ceci suggère que NF-kB activé puisse être pro-apoptotique (DeMeester et al., 1997). Ryan et al. (2000) ont montré que l'activation de NF-kB était essentielle pour que p53 induise l'apoptose. En effet, l'inhibition de l'activité de NF-kB est corrélée à une absence d'apoptose normalement induite par p53. La daunomycine est un puissant inducteur des facteurs de transcription p53 et NF-kB. L'accumulation de la protéine p53 dans le noyau est due à une augmentation de sa stabilité et à une induction de son expression. L'augmentation d'expression de p53 est partiellement régulée par NF-kB lors d'un traitement par la daunomycine puisqu'une inhibition de NF-kB diminue la transcription de p53 mais ne la bloque pas totalement (Hellin et al., 2000). Lors d'un traitement par le benzo(a)pyrène, p53 est activée transcriptionnellement par l'induction de l'activité de NF-kB (Pei et al., 1999). Le NF-kB agit également au niveau du cycle cellulaire en activant par exemple la cycline D, régulateur principal de la transition $G_1/S$, en se fixant directement sur différents sites de son promoteur (Guttridge et al., 1999).

### 6-7-2-4- Inhibition de la voie NF-kB :

L'activation de NF-kB dépend essentiellement de la phosphorylation de I-kB par les kinases IKK, phosphorylation nécessaire pour la dégradation de la sous-unité inhibitrice. Par conséquent, des mutants I-kB résistants à la dégradation par le protéasome empêchent l'action anti-apoptotique de NF-kB et augmentent donc l'apoptose lorsqu'elle est induite par le TNF-α, la daunorubicine ou les radiations ionisantes (Wang et al., 1996). D'autres molécules comme les glucocorticoïdes agissent grâce à leurs récepteurs spécifiques et diminuent l'expression de gènes impliqués dans la régulation du système inflammatoire (Figure 6). Les glucocorticoïdes peuvent induire l'expression de I-kB et favoriser la rétention cytoplasmique de NF-kB mais ils peuvent également moduler l'activation de ce facteur par interaction directe avec NF-kB. Une autre hypothèse de régulation pourrait s'expliquer par une compétition entre glucocorticoïdes et NF-kB vis-à-vis de coactivateurs comme les protéines de liaison à CREB («AMPc regulatory binding protein) (Yamamoto et Gaynor, 2001).

Les anti-inflammatoires non stéroïdiens sont utilisés dans le traitement de maladies inflammatoires et exercent leur action en inhibant la production de prostaglandines synthétisées par les cyclooxygénases (COX). L'aspirine et le salicylate de sodium inhibent l'activation de NF-kB en altérant la phosphorylation de I-kBβ (Yin et al., 1998) alors que le sulindac et ses dérivés (sulfide et sulfone de sulindac) agissent sur IKK pour inhiber NF-kB (Yamamoto et al., 1999) (Figure 6).

Les agents immuno-suppressifs comme la cyclosporine et le tacrolimus agissent différemment dans l'inhibition de NF-kB. La cyclosporine est un inhibiteur de la calcineurine (sérine/thréonine phosphatase dépendante du calcium et de la calmoduline) qui normalement active NF-kB. Il semblerait que la cyclosporine agisse également par compétition avec le protéasome 20S empêchant la dégradation de I-kB. Le tacrolimus bloque la translocation du cytoplasme vers le noyau de la sous-unité c-Rel de NF-kB (Yamamoto et Gaynor, 2001).

La dégradation de I-kB par le protéasome est nécessaire à l'activation de NF-kB, par conséquent l'inhibition du protéasome par des molécules comme les peptides aldéhydiques (MG132, MG101) ou la lactacystine représente une voie d'inhibition de l'activation de NF-kB importante (Yamamoto et Gaynor, 2001).

Des produits naturels comme les flavonoïdes (quercétine, resvératrol, myricétine) impliqués dans la suppression de l'inflammation ainsi que dans la prévention des cancers exercent leurs effets en inhibant probablement l'activation de NF-kB et en réduisant l'activation de IKK (Holmes-McNary et Baldwin, 2000). Cependant, la diosgénine, un stéroïde végétal, induit l'apoptose sur les cellules d'ostéosarcome et active NF-kB (Moalic et al., 2001a).

### 6-7-2 -5- Le protéasome

L'activation de NF-kB est fortement régulée par le protéasome puisque celui-ci dégrade I-kB. Le protéasome est une protéase multimérique qui catalyse la dernière étape de la dégradation des protéines intracellulaires. Il existe sous de multiples formes dans les cellules eucaryotes mais la sous-unité commune à tous les protéasomes est le protéasome 20S. Le principal protéasome étudié est le 26S. La reconnaissance du substrat peut être directe par la séquence primaire de la protéine, ou induite après phosphorylation de la protéine ou interaction avec une molécule chaperonne. Une chaîne de poly-ubiquitinylation est réalisée par l'addition successive de molécules d'ubiquitine. La protéine poly-ubiquitinylée est ensuite dégradée par le protéasome, l'ubiquitine libérée étant recyclée (Ciechanover, 1998).

## 6-8- TNF-α, immunité et inflammation :

Le TNF-α contribue à l'expression de certaines adhésines intervenant dans l'interaction des leucocytes avec les cellules endothéliales (Fiers, 1991 ; Banvois et *al.*, 1992 ; Touil-Boukoffa, 1998 ; Touil-Boukoffa et *al.*, 2000). Il participe dans l'augmentation de leur capacité de phagocytose et cytotoxicité anticorps dépendant, cette action à été également montrée pour les éosinophiles et plus particulièrement dans des modèles expérimentaux d'infections parasitaires utilisant *Schistosoma mansoni* (Cox et Liew, 1992 ; Touil-Boukoffa, 1998 ; Touil-Boukoffa et *al.*, 2000 ; Man-Ying et *al.*, 2005).

La participation de cette cytokine dans la modulation de la réponse immunitaire est traduite par l'expression des récepteurs du TNF-α à la surface des lymphocytes T.

Cette action se situe à plusieurs niveaux ; l'augmentation de l'expression des antigènes HLA I (Arenzana-Sceisdedos et *al.*, 1988 ; Toui-Boukoffa, 1998), l'augmentation des récepteurs de lymphokines dont l'IL2 et l'interaction synergique avec d'autres cytokines dont l'IFN-γ dans l'induction d'IL6, IL-1 et TNF-α par les monocytes/macrophages (Sanceau et *al.*, 1992, Touil-Boukoffa, 1998). Le TNF-α exerce un effet procoagulant sur les cellules endothéliales en réduisant l'activité de thrombomoduline par inhibition de l'activation du plasminogène et en enclanchant la synthèse transitoire des facteurs procoagulants (Fiers, 1991).

## 6-9- TNF-α et parasitose :

L'existence d'une relation entre le parasite et le TNF-α est montrée par l'influence du TNF-α sur la fécondité des vers femelle de schistosomes (Amiri et *al.*, 1992 ; Touil-Boukoffa, 1998 ; Touil-Boukoffa et *al.*, 2000). En effet, le traitement par le TNF-α des souris SCID infectées augmente la capacité de reproduction des shistosomes ce qui montre l'utilisation du TNF-α par le parasite comme facteur de croissance embryogénique. Dans le même, il a été montré une implication plus large du réseau des cytokines utilisants les produites de la cellule T non seulement dans leur reproduction mais aussi dans l'induction de granulomes (Sher, 1992 ; Touil-Boukoffa, 1998), ce qui suggère l'existence de récepteurs parasitaires pour le TNF-α, liés à une chaîne de signaux régulant la reproduction. L'ensemble de ces observations plaide en faveur de coévolution des parasites et de la réponse immunitaire et en particulier de la production des cytokines (Capron, 1995 ; Touil-Boukoffa, 1998 ; Touil-Boukoffa et *al.,* 2000).

Plusieurs effets sont observés chez l'animal infecté par un parasite ou par des bactéries Gram⁻. Ces effets ont été mimés par l'administration du LPS sachant que ce dernier est l'inducteur majeur du TNF-α , ceci a permis de montrer le rôle pivot du TNF-α dans le choc septique (Fiers, 1991 ; Denis, 1991; Touil-Boukoffa, 1998 ; Touil-Boukoffa et *al.,*1999 ; Touil-Boukoffa et *al.,* 2000).

Le rôle endogène du TNF-α dans le mauvais pronostic n'est pas restreint aux pathologies parasitaires, il a été également rapporté dans l'infection virale. C'est ainsi que plusieurs travaux ont montré que la stimulation des cellules CD4+ par le TNF-α engendrait une augmentation de la réplication virale lors d'une infection latente au VIH.

Le TNF-α avec sa localisation ubiquitaire présente d'autres propriétés bénéfiques, cet aspect a été très étudié et plusieurs travaux ont montré le rôle positif de cette cytokine dans les infections virales, bactériennes et parasitaires (Capron, 1995 ; Touil-Boukoffa, 1998).

Dans tous les cas, le TNF-α apparaît comme un médiateur important des mécanismes immunitaires en jouant un rôle dans l'activation du système monocyte/macrophages, des neutrophiles, des plaquettes et des cellules NK

## Chapitre 3 : Le monoxyde d'azote :
**Introduction** :

Dans les années 80, le monoxyde d'azote à toujours été considéré comme un simple gaz toxique (Sennequier et Vadon Le-Goff, 1998).Il y a peu de temps, on pensait que le Nitrate présent dans l'organisme était uniquement d'origine exogène, mais l'identification du NO en 1987 en tant que Facteur Endothélial de Relaxation Vasculaire (EDRF) prouve l'origine endogène du NO. En 1992, il est consacré la molécule de l'année (Crépel et Lemaire, 1995) ; mais ce n'est qu'en 1998 que le NO est classé parmi les molécules biologiques, vu son rôle dans la transmission de l'information ; comme molécule signal dans le système cardio-vasculaire (Hou et *al.*, 1999) et dans la réponse immunitaire (Sennequier et Vadon Le-Goff, 1998).

Le NO est impliqué dans plusieurs processus biologiques humains, dans le contrôle de la pression artérielle, la neurotransmission. Il exerce des fonctions dans le système immunitaire : au cours des maladies infectieuses, parasitoses et lors des tumeurs (Hou et *al.*, 1999 ; Kaminski et *al.*, 2004). A des concentrations croissantes le NO module la fonction du cytosquelette (Cornel Badorff et *al.*, 2003) .A des niveaux physiologiques, le NO augmente l'oxydation des substances énergétiques (AG, glucose) (Fu Hayness et *al.*, 2005). Il participe ainsi d'une façon très importante dans le métabolisme cellulaire (Fu Hayness et *al.*, 2005). La taille du NO et ses rôles ont amené les chercheurs à étudier la réactivité chimique du NO et à essayer de comprendre les processus physiologiques et physiopathologiques du monoxyde d'azote.

## 1-Définition :
Le NO est une molécule gazeuse instable qui dans l'organisme est transformée spontanément, en raison de la présence d'oxygène, en nitrite $NO_2^-$ puis en nitrate $NO_3^-$.

$$NO \longrightarrow NO_2^- \longrightarrow NO_3^-.$$

Elle est synthétisée *in vivo* par les "monoxyde d'azote synthases" la EC 1.14.13.39, qui convertissent par 2 mono-oxygénations successives, la L-Arginine en L-Citrulline (Szabo, 2003).

## 2-Propriétés physico-chimiques du NO

Le NO est un composé radicalaire réactif se présentant dans les conditions normales de température et de pression, sous forme gazeuse (Kerwin et *al.*, 1995), sa solubilité dans l'eau est comparable à celle du monoxyde du carbone (CO) et de l'oxygène moléculaire ($O_2$). La charge nulle de NO le rend en outre soluble dans les solvants apolaires, ce qui facilite sa diffusion au travers des membranes cellulaires. La chimie de NO est dominée par sa nature radicalaire. Il réagit rapidement avec l'ion superoxyde $O_2^-$ pour former l'ion peroxynitrite $ONOO^-$ connu par sa toxicité (Fig. 7). Il se couple au radical tyrosinyl de la ribonucléotide réductase. Il peut se lier à des sites de coordination libres dans des complexes métalliques. En particulier, il se fixe au Fe (II) : ainsi, la désoxyhémoglobine présente une affinité prononcée pour NO par rapport à CO et à $O_2$, l'atome de Fer étant alors oxydé en présence d'oxygène avec la formation de methémoglobine. De même, il se fixe à l'hème de la guanylate cyclase soluble (GCs), qui est l'une des ses principales cibles physiologiques. NO peut aussi se fixer à des complexes Fe-S tels que celui de l'aconitase ; comme il peut nitrosyler les sites SH libres de protéines, qui pourraient ainsi servir de « réservoir à NO ».

En solution aqueuse aérobie, NO est rapidement oxydé en nitrite. La vitesse de cette oxydation n'étant pas linéaire en fonction de la concentration en NO, celui-ci peut en faible concentration, évoluer pendant un certain temps et diffuser largement. En milieu biologique, s'il est difficile d'évaluer son temps de demi-vie, la diffusibilité de NO fait qu'il a de grandes chances de sortir de la cellule qui l'a produit. Des stimulations cinétiques et de diffusion ont montré que, si $t_{1/2}$ =4 s, la concentration de NO est non négligeable à plus de huit diamètres cellulaires de sa source de production (Lancaster et *al.*, 1994 ; Augusto et *al.*, 2002; Kaminski et *al.*, 2004 ) .

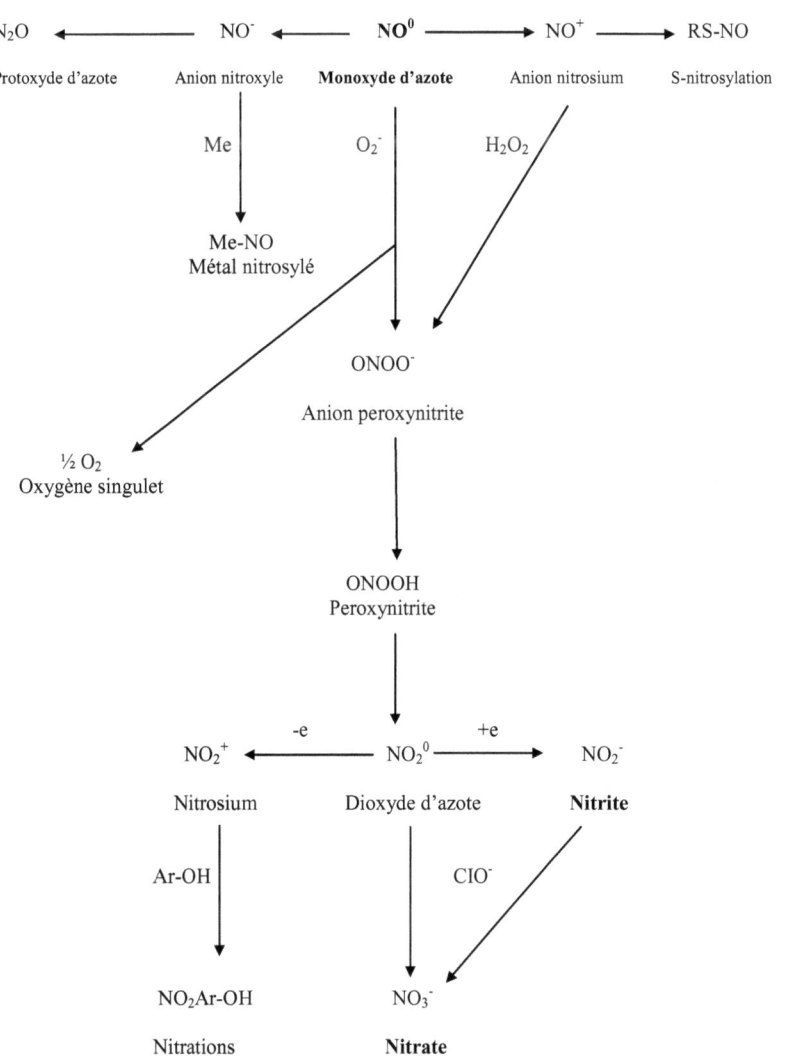

**Fig. 7 : Les dérivés du Monoxyde d'azot** (Pignatelli, 1993; Cristol et al.,1994 ; Szabo,2003).

Chapitre3 : Le monoxyde d'azote

## 3-Biosynthèse du monoxyde d'azote :

NO est synthétisé biologiquement par des enzymes appelées NO synthases (Stuehr et al., 1997 ; Murad et al., 2005) qui consomment du β-nicotinamide adénine dinucléotide réduit (NADPH) et de l'O2 pour oxyder la l'Arginine en citrulline et NO. Les NOS utilisent pour fonctionner un ensemble de cofacteurs : la tétrahydrobioptérine (BH4, molécule impliquée dans les hydroxylations aromatiques réalisées par exemple par la tyrosine hydroxylase), la flavine adénine dinucléotide (FAD) et la flavine mononucléotide (FMN) et un hème (protoporphyrine IX de fer).

## 4-Les NO synthases :

Trois monoxyde d'azote synthases ont été identifiées, 2 constitutives nNOS (NOS III) et eNOS (NOSI) découvertes au niveau du tissu nerveux et endothélial respectivement et une inductible :iNOS (NOSII) trouvée dans une variété de cellules (hépatocytes, macrophages, chondrocytes…). Son expression est induite par les cytokines (Drapier et al., 1997 ; Hou et al., 1999 ; Idehman et Verdetti, 2000). Les différences majeures entre les isoformes sont leurs modes d'expression et la régulation.

### 4-1- Aspect structural :

Ce sont des enzymes héminiques et homodimériques de PM compris entre 130-160 kDa dont la structure ressemble à celle du cytochrome P-450 réductase (enzyme qui catalyse le transfert d'électrons du NADPH à des protéines héminiques telles que les cytochrome p-450, famille d'oxygénases à hème-thiolathe), qui contient à la fois un domaine héminique et un domaine réductase sur la même chaîne polypeptidique. Elle catalyse la production du NO à partir de la L-Arginine (Fiers,1991 ; Guoyao et al., 2005). La transcription du cNOS (NOSI, NOS III) conduit à la synthèse de 2 monomères s'assemblent via la liaison à la L-Arg, de la tétrahydrobiopterine, et d'une molécule d'hème ; mais elle reste inactive .La liaison de la calmoduline à ce complexe aboutit à

Chapitre3 : Le monoxyde d'azote

l'activation des cNOS. Contrairement à la NOSII, les monomères sont fortement liés à la calmoduline même en présence de traces de $Ca^{2+}$ et ne s'assemblent pour former le dimère actif qu'en présence des trois autres régulateurs allostériques (Idehman et Verdetti, 2000).

**Tableau III : Caractéristiques biochimiques du domaine Oxygénase/Réductase du NO** (Sennequier et Vadon Le-Goff, 1998).

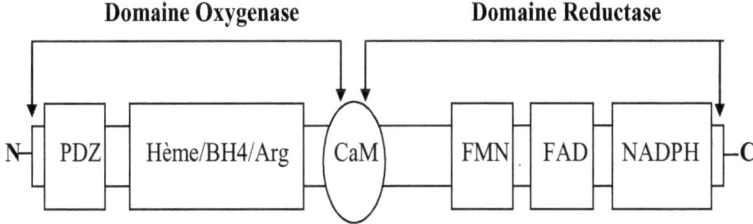

|  | Domaine de liaison des AA | | |
|---|---|---|---|
|  | **iNOS** | **nNOS** | **eNOS** |
| PM (kDa) | 131 | 160 | 135 |
| AA | 1153 | 1433 | 1203 |
|  |  |  |  |
| NADPH | 1091-1076 | 1363-1347 | 1094-1050 |
|  | 1006-978 | 1268-1249 | 1028-1010 |
|  |  |  |  |
| FAD | 913-903 | 1185-1174 | 945-935 |
|  | 778-765 | 1042-1030 | 804---793 |
|  | 529-509 | 912-885 | 680---649 |
|  |  |  |  |
| CaM | 529-509 | 756-728 | 510-491 |
| Heme/L-Arg/BH4 | C200 | C419 | C184 |
|  | E377 | - | E361 |
|  |  |  |  |
| Phosphorylation Ser | S234, S 578, | S 378 | - |
|  | S 892 |  |  |
| Site consensus |  | 378-374 | - |
|  |  |  |  |
| Site membranaire |  | PDZ | G2 myristate |
|  |  |  | C15, C26 Palmitate |

**Tableau IV : Caractéristiques biochimiques des isoformes du NO** (Sennequier et Vadon Le-Goff, 1998) :

| Caractéristiques | NOS 1 | NOS 2 | NOS 3 |
|---|---|---|---|
| Acides aminés | 1434 | 1153 | 1294 |
| PM (kDa) | 160 | 130 | 133 |
| Activation | [Ca+2]i | Cytokines, LPS | [Ca+2]i |
| Cofacteurs | NADPH, FAD, BH4, Hème. | NADPH, FAD, BH4, Hème. | NADPH, FAD, BH4, Hème. |
| Chromosome | 12q24.2 | 17cen-q12 | 7q35-36 |
| Nombre d'Exon | 29 | 26 | 26 |
| Modification post-transcriptionnel. | Phosphorylation par l'acide aminé 372 | Phosphorylation | Myristoylation(G2) Palmitoylation (C15, C26). |

### 4-2- La NO synthase de type II (iNOS) :

La NO-synthase inductible de type II, appelée iNOS, apparaît dans les macrophages, les neutrophiles et les hépatocytes sous l'influence de cytokines, notamment l'interféron-$\gamma$, l'interleukine-1, le TNF-$\alpha$, de IFN-$\gamma$ et de lipopolyssaccharides. L'induction de la NO-synthase par effet génomique nécessite un délai de plusieurs heures mais la NO-synthase induite est immédiatement active après sa synthèse, en absence de calcium, et entraîne

Chapitre3 : Le monoxyde d'azote

une libération prolongée et très importante de NO. Sa synthèse est inhibée par les glucocorticoïdes (Xia et *al*.,1997 ; Murad et *al*., 2005).

## 4- 3-Biosynthèse du NO et ses dérivés :

La NO-synthase, NOS, transforme la L-arginine en hydroxyarginine qui, après réduction, est transformée en NO et citrulline (Fig 8 et 9).La citrulline, en présence de l'arginosuccinate synthéthase et d'aspartate est transformée en arginosuccinate, puis en fumarate et arginine. L'arginine provient ainsi d'un renouvellement endogène et d'un apport exogène, alimentaire (Guoyao et *al.*, 2005) (Fig 8).

L-arginine    N-hydroxy-L-arginine    L-citrulline

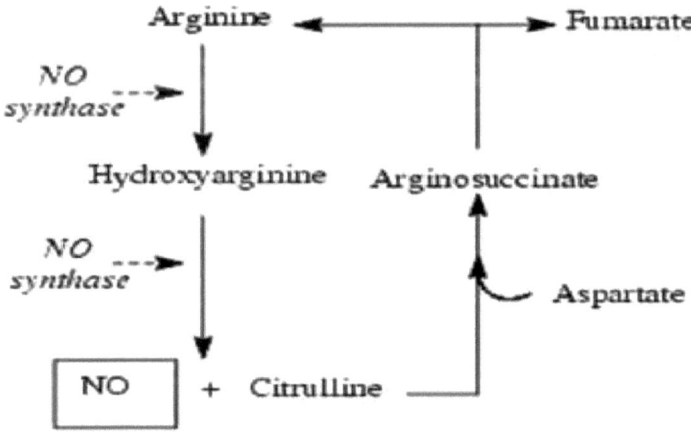

Fig 8 : Biosynthèse du NO à partir de la L-arginine et regénération de la L-Arg (Sennequier et Vadon Le-Goff, 1998).

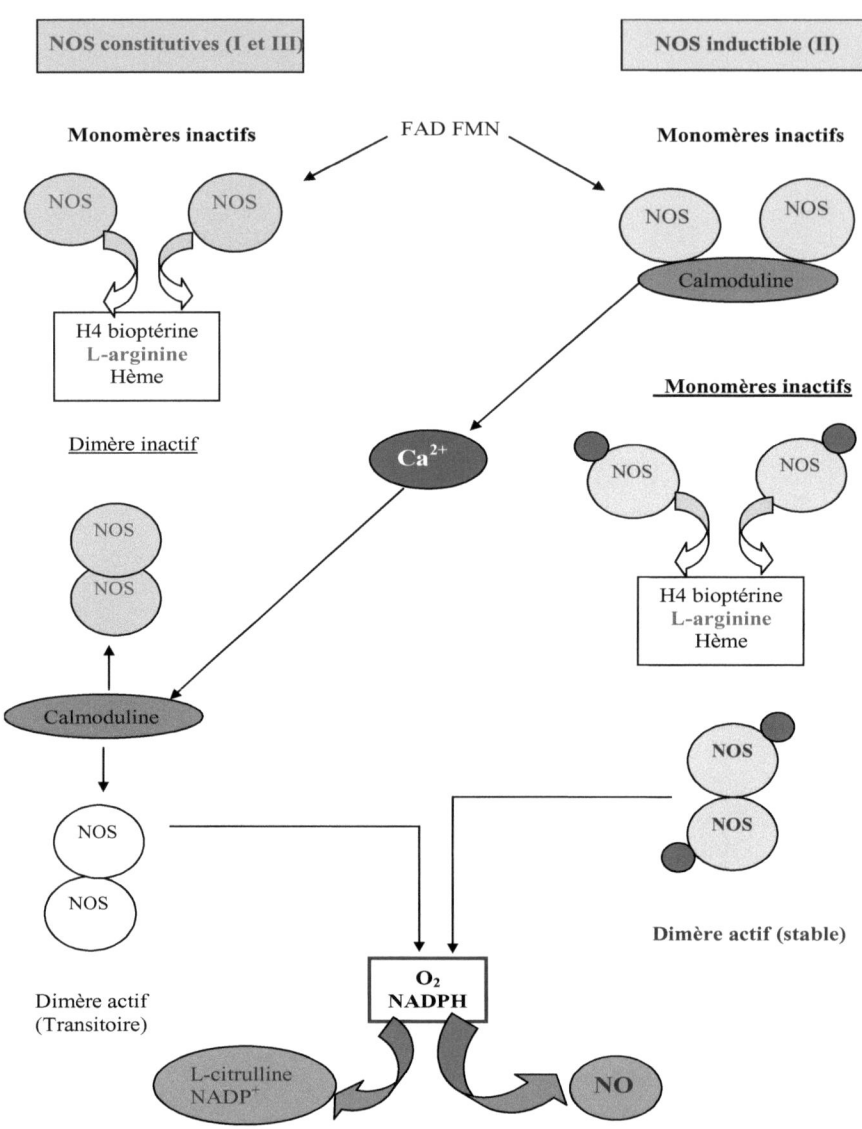

**Fig.9 :** **Voies de biosynthèse du monoxyde d'azote (Drapier, 1997).**

## 5- Rôle physiologique du NO :

### 5-1- NO et système immunitaire :

La localisation de l'enzyme NOSII au niveau des cellules de l'immunités ; macrophages, lymphocytes, neutrophiles..., fait que le NO exerce des effets divers dans le système immunitaire.

Les systèmes d'induction de cette enzyme ont été mis au point essentiellement sur les macrophages et des lignées macophagiques d'espèce murine (Drapier et *al.*, 1988 ; Nussler et *al.*, 1991 ; Yamamoto et *al.*, 2002). A l'état de repos, les cellules n'expriment pas la NOSII, cependant la stimulation des cellules par des agents appropriés (pathogènes, cytokines, médiateurs...) induisent l'expression d'une enzyme fonctionnelle capable de générer une grande quantité du NO en métabolisant la L-Arg en citrulline. Par ailleurs il faut noter que la libération du NO en quantité importante est responsable des effets physiopathologiques, l'expression de cette enzyme est donc généralement le résultat d'une infection ou une altération de tissus (Kolb et *al.*, 1995 ; Xia et *al.* 1997 ; Murad et *al.*, 2005) .

Le NO joue un rôle important dans la régulation de l'initiation et le développement de la réponse inflammatoire, sa production est étroitement liée à celle des cytokines pro-inflammatoires ; IL-1, TNF-α, IFN-γ (Denis, 1991; Fang, 1997 ; Touil-Boukoffa et *al.*, 2000 ; Guenane et *al.*, 2006), ainsi un effet maximal d'induction à été obtenu par la combinaison de IL-1, TNF-α, IFN-γ, IL-6, LPS sur culture d'hépatocytes.

L'expression de l'iNOS est contrôlée positivement par des médiateurs endogènes, les cytokines et les hormones et négativement par les glucocorticoides, cependant le TGF-β, IL-4, IL8 et IL-10 suppriment l'expression de de l'iNOS à un stade transcriptionnel et post-transcriptionnel (Touil-Boukoffa, 1998 ; Touil-Boukoffa et *al.*, 2000 ).

Une fonction immunorégulatrice du NO à été également observée, cependant le NO est un immunosupresseur (Touil-Boukoffa et *al.*, 2000 , Amri et *al.*, 2005), participe à l'inhibition de la réponse immunitaire spécifique en inhibant la prolifération des lymphocytes T. En effet, il a été démontrée que le NO exerce une action anti-prolifératrice sur les cellules environnantes contribues à l'inhibition de la prolifération des cellules tumorales (Crepel et *al.*, 1995).

Il faut noter que les effets du NO sont liés à sa concentration, de ce fait les fonctions du NO peuvent être résumées en trois points essentiels (Dugas et *al.,*, 1995).

1- En faible quantité, le NO produit par nNOS et eNOS agit en tant que signal d'activation intracellulaire. Il protège les cellules de l'apoptose en activant la protéase CPP32 like et en augmentant l'expression de la protéine Bcl2.

2- A des concentrations plus importantes et pour des périodes plus longues par les iNOS, NO agit directement comme une molécule immunorégulatrice autocrine ou paracrine régulant notamment la balance Th1/Th2.

3- A des concentrations très élevées, la production chronique du NO est associée à celle de l'anion superoxyde qui exerce des effets cytotoxiques et apoptotiques (Dugas et *al.*, 1995) l'induction de l'apoptose dans les thymocytes et les cellules T circulants est importante dans le contrôle de la maturation des cellules T dans le thymus et la prolifération des cellules T circulantes, probablement via la formation de nitrotyrosine et en inhibant Bcl2.

## 5-2 - NO et système nerveux :
La production des anticorps dirigés contre la NOS a permis de localiser cette enzyme au niveau du système nerveux (Snyder et *al.*, 1991 ; Garthwaite et *al.*,1995) d'où l'appellation nNOS ou NOSI.

La nNOS est localisée dans le système nerveux central où le NO joue un rôle de neuromodulateur. Il intervient dans la neurotransmission et également dans le développement du système nerveux et dans la plasticité des synapses, il pourrait intervenir dans les mécanismes d'apprentissage et de mémorisation (Drapier, 1997 ; Murad et *al.*, 2005).

De nombreuses études suggèrent que le NO est impliqué dans les pathologies neurodégénératives telles que la maladie de Parkinson. La neurotoxicité du NO est due à sa capacité à réagir avec l'anion superoxyde pour former le peroxynitrite.

Le blocage de cette neurotoxicité peut être obtenu à l'aide d'inhibiteurs des NOS (Murad et *al.*, 2005).La production du NO est stimulée essentiellement par le glutamate (AA excitateur) par l'intermédiaire de l'activation des récepteurs NMAD (N-méthyl-D-Aspartate) (Gartwait et *al.*, 1995 ; Murad et *al.*, 2005).

Plusieurs travaux ont porté sur la régulation négative du NO par Feed-back, cette action est expliquée par le blocage des récepteurs NMDA. Le NO peut exister sous deux formes ; une forme oxydée ($NO^+$) ou réduite ($NO^-$). Sa conformation conditionne son interaction avec le NMAD qui comporte plusieurs sites redox.

Le double effet neuroprotecteur et neurotoxique du NO est expliqué par la capacité du NO sous sa forme oxydé (NO+) d'induire la nitrosylation des résidus thiols du récepteur NMDA, conduisant à la formation des ponts désulfures et donc à la réduction des courants traversant les canaux ioniques couplés à ce récepteur. A l'inverse, sous sa forme réduite ($NO^-$), il exerce un effet antagoniste (Lipton et *al.*, 1994).

Plusieurs auteurs rapportent que la stimulation excessive des récepteurs NMDA par le glutamate peut causer une mort neuronale, un phénomène d'excitotoxicité qui peut jouer un rôle majeur dans plusieurs maladies neurodégénératives et dans l'ischémie cérébrale (Crépel et Lemaire, 1995 ; Kaminski et *al.*, 2004; Murad et *al.*, 2005).

Chapitre 3 : Le monoxyde d'azote

La formation directe de NO, sans intervention enzymatique, est également possible à partir du nitrite lorsque le pH du milieu est acide, lors de l'ischémie.

Le NO diffuse à travers les membranes et pénètre dans toutes les cellules voisines de celles qui le libèrent. Libéré par l'endothélium vasculaire, il pénètre dans les fibres vasculaires lisses. Libéré par les terminaisons présynaptiques neuronales, il diffuse dans les éléments postsynaptiques et, d'une manière rétrograde, dans les terminaisons présynaptiques qui l'ont libéré et augmente la libération de glutamate.

### 5-3- NO et système endothélial :

Dès sa synthèse, le NO diffuse sous forme gazeuse Synthèse et sa libération sont simultanées et il n'y a pas de stockage de NO dans les tissus. Il y a une libération basale continue de NO qui, par la vasodilatation qu'il exerce, participerait à la régulation de la pression artérielle. En effet, il augmente la relaxation des cellules endothéliales.

Cette observation est confirmée par des expériences d'inactivation du gène codant pour la NOS endothéliale (NOSIII -/-). Ils ont montré que les souris mutantes avaient une hypertension en comparaison aux souris sauvages (Huang et *al.*, 1995 ; Moncada, 1999 ; Kaminski et *al.*, 2004).

La formation directe de NO sans intervention enzymatique est également possible à partir du nitrite lorsque le pH du milieu est acide comme lors de l'ischémie.

Il est à signaler que les anomalies circulatoires qui accompagnent le choc septique se manifestent notamment par une altération grave de la réponse catalysée par l'iNOS (NOSII) au niveau de la paroi vasculaire (Drapier, 1997).

Le NO exerce aussi un effet inhibiteur de l'agrégation plaquettaire et de la prolifération des cellules du muscle lisse vasculaire .Ces actions lui attribuent un rôle régulateur homéostatique (Moncada, 1999).

Chapitre3 : Le monoxyde d'azote

## 6- NO et cytokines :

L'induction de la NOSII, a été observée au cours de pathologies d'origine, et microbienne *(Cryptococcus neoformaus, Mycobacterium avium)*, fongique, virale et parasitose tel que la Leishmaniose (Dugas et *al.,* 1995) et l'hydatidose (Touil-Boukoffa et *al.,* 2000 ; Ait Aissa et *al.,* 2006).L'implication des cytokines a été établie pour la majorité de ces pathologies dont le NO est considéré à la fois molécule de communication intra- et inter cellulaire et un effecteur physiopathologique est sous le contrôle des cytokines.

Les facteurs nécessaires à l'induction de la NO synthase diffèrent selon le type cellulaire et l'état d'activation de la cellule (Dugas et *al.,* 1995) dont le maximum d'induction est obtenu par la combinaison de cytokines et de produits microbiens en particulier le LPS et les agents viraux, ainsi que le lipoprotéoglycane de la leishmanie (LPG), ce qui implique une coopération entre les différents molécules inductrices (Drapier, 1997).

Les cytokines agissent sur la régulation de la production du NO positivement comme elles peuvent agir négativement.

Le schéma suivant résume les différentes possibilités d'activation des cytokines sur la production ou l'inhibition du NO lors d'une infection parasitaire (Fig.10).

# Chapitre3 : Le monoxyde d'azote

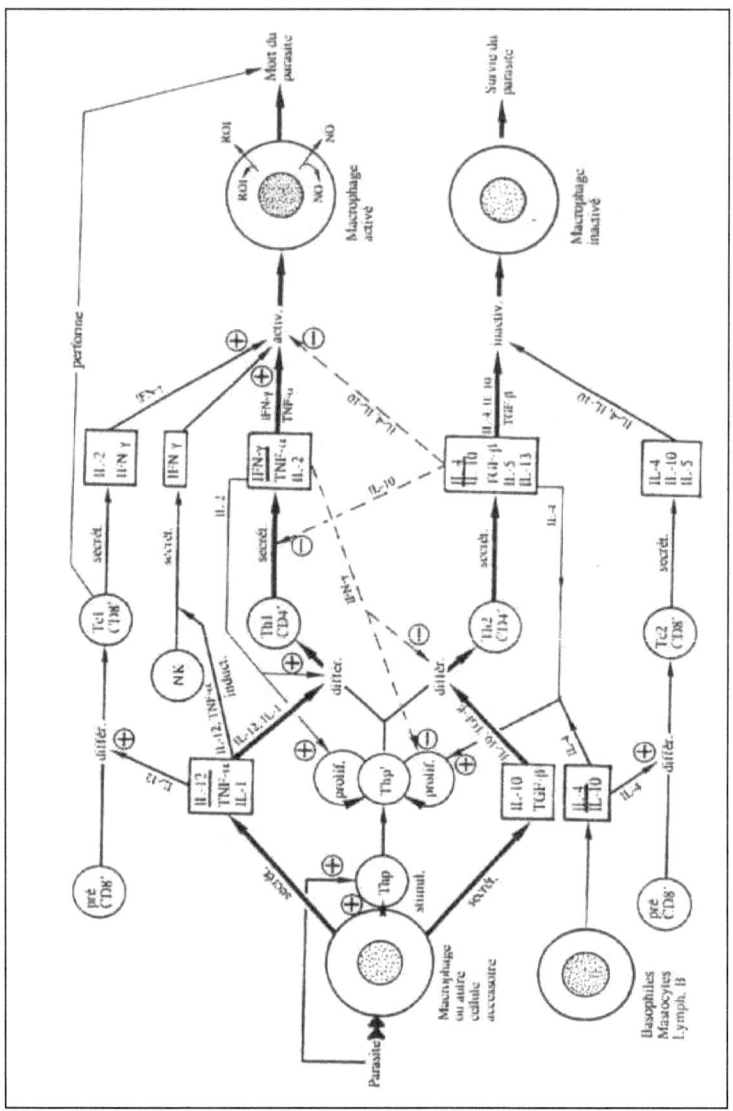

**Fig.10 : Activation des macrophages et le réseau des cytokines** (Pierre Cassier, 1998).

## 7- NO et physiopathologie :

Le NO était considéré initialement comme n'ayant que des effets bénéfiques, les études ultérieures ont montré qu'une production endogène excessive de NO peut avoir des effets néfastes : à des concentrations élevées, il provoque des lésions cérébrales, peut-être par libération excessive de glutamate responsable de l'ouverture de canaux cationiques. Il jouerait un rôle dans la genèse de la maladie de Parkinson et au cours du choc septique. L'excès de NO pourrait participer à l'altération des cellules ß du pancréas lors de l'installation du diabète. Il pourrait aussi stimuler le développement de certaines tumeurs ainsi que l'angiogenèse. L'anion peroxynitrite, ONOO-, peut altérer les membranes cellulaires, le DNA et le RNA. La présence de résidus nitro-tyrosine dans les protéines peut être considérée comme un marqueur de la production, peut-être excessive, de NO. Le NO est responsable d'une, inhibition des transports membranaires, d'une inhibition des enzymes à groupement thiol et une inhibition hypothétique de la chaîne respiratoire. Ces effets font du NO un effecteur de la cytotoxicité du macrophage, notamment au cours de la leishmaniose (Drapier, 1997 ; Colasanti et *al.*, 2002). Des médicaments inhibiteurs de sa synthèse ou susceptibles de le neutraliser, comme les chélates de fer ou de cobalt, pourraient avoir des applications thérapeutiques ( Allain, 2004).

## 8- NO et parasitoses :

La production de NO a d'abord été révélée dans le cas de parasitose à développement intracellulaire, en effet, le NO est considéré comme important effecteur cytotoxique et cytostatique vis-à-vis des parasites, virus, bactéries et des champignons (Denis, 1991; Colsanti et *al.*, 2002 ; Qadoumi et *al.*, 2002).

La biosynthèse du NO a été observée au niveau des macrophages murins infectées par *Leishmania donovani* dont la distribution du parasite est associee à l'expression fonctionnelle de la NOSII obtenue après liaison des Ag CD23 aux IgE ou aux anticorps

Chapitre3 : Le monoxyde d'azote

monoclonaux anti-CD-23 (Vouldou Kis et *al.*, 1995, Dugas et *al.*, 1995 ; Murad et *al.*, 2005).Par ailleurs, la sensibilité des souris mutantes du NOS II- aux infections par *Leishmania major* confirme le rôle immuno protecteur du NO (Paul-Eugène et *al.*, 1995 ; Wei et *al.*, 1995 ; Riches et *al.*, 1998 ; Rigano et *al.*,2004). Ainsi l'activation de la NOSII et la production de NO provoquent l'élimination des formes amastigotes chez l'hôte. Le NO bloque leur prolifération *in vitro*, en inhibant la synthèse d'ADN pouvant conduire à la mort cellulaire soit par nécrose ou par apoptose.

D'autres parasitoses à développement intracellulaire telles que le Paludisme et la Toxoplasmose révèlent l'expression de la NOSII.

Dans ce contexte, plusieurs auteurs rapportent que l'expression de la NOSII humaine a lieu durant l'élimination de plusieurs parasites, les résultats obtenus ont poussé les chercheurs à se pencher sur les différences ou les analogies susceptibles d'exister avec les parasitoses à développement extracellulaire, telles que l'hydatidose, où la production de NO a été observée chez les patients porteurs de kystes à des localisations diverses. Ces travaux ont établi une relation directe entre ce radical et diverses cytokines dont l'IFN-γ dans la réponse immunitaire de l'hôte vis-à-vis de macroparasite *Echinococcus granulosus* (Touil-Boukoffa, 1998 ; Touil-Boukoffa et *al.*, 2000 ; Ait Aissa et *al.*, 2006).

Par ailleurs, le rôle immunosuppresseur de NO et une hausse significative de l'expression de la NOSII au cours de l'infection par *Echinococcus alveolaire* sur les macrophages murins ont été établis (Siracusano et *al.*, 2002 ; Zhang et *al.*, 2003).

## Chapitre 4 : La réponse immunitaire anti-hydatique :

### 1-Le système monocyte/macrophage :

#### 1-1-Définition :

Le système Monocyte/Macrophage (Mo/Mac) est constitué d'un ensemble hétérogène de cellules qui diffèrent par leurs morphologies et leurs localisations. Il assure des fonctions de phagocytose et de présentation de l'Ag. Il participe également dans la réaction inflammatoire au cours des parasitoses à développement intra ou extracellulaire en produisant les molécules proinflammatoires dont le TNF-$\alpha$, IL-6, IL-8 et des dérivés actifs du NO qui exercent des effets toxiques (Touil-Boukoffa, 1998 ; Mezioug, 2002, Ait Aissa et *al.*, 2006).

La physiologie de ce système le rend susceptible d'être attaqué par plusieurs parasites à développement intracellulaire dont, la *Leishmania, Toxoplasma...*, comme il peut participer dans les processus immuno-inflammatoires en produisant les radicaux libres, le NO, les ions superoxydes qui exercent un pouvoir toxique face aux parasites, virus, bactéries, levures (Quadoumi et *al.*, 2002).

Les cellules du système Mo/Mac comportent essentiellement par, les monocytes du sang et les macrophages tissulaires. Les macrophages sont des constituants essentiels de certaines réactions inflammatoires en particulier des granulomes, au sein desquels ils peuvent modifier leur morphologie et deviennent des cellules epithelioïdes "bien formées , des syncyltiumes par fusion de leurs membranes aboutissant des cellules géantes multinuclées. La formation du granulome est induite essentiellement par la cathepsin K, au cours de l'hydatidose. Cette activité est inhibée par le parasite Eg (Alvaro Diaz et *al.*, 2000).

## 1-2-Les cytokines impliquées :

Le système Mo/Mac est activé essentiellement par les cytokines qui dérivent des lymphocytes Th1, telles que l'IL-2, l'IFN-γ, le TNF-β. L' IFN-γ représente l'inducteur majeur de ce système. L'activation des macrophages nécessite d'abord une présentation de l'Ag lié au CMH de la classe II des CPA au lymphocyte T naïve (Th 0). Tous dépendent de l'agent infectieux, bactéries, virus, parasites ou levures. En effet les cellules Th0 vont se différencier en Th1 qui représente la voie effectrice.

L' IFN-γ est impliqué dans l'activation du système Mo/Mac par conséquent sur la cascade de cytokines d'origine monocytaire et contribue à un accroissement des propriétés phagocytaires, cytotoxiques et anti-inflammatoires des macrophages (Ponvert, 1997 ; Jaramillo et *al.*, 2004 ; Guenane et *al.*, 2006). Il augmente ainsi l'expression des molécules de CMH de classe I, II et les récepteurs du TNF-α à la surface des macrophages. En effet, il augmente la capacité des cellules infectées à présenter les peptides viraux aux lymphocytes TCD8[+] (Touil-Boukoffa, 1998 ; Touil-Boukoffa et *al.*, 2000 ). L'IL-8 produit par les monocytes, Lym T, NK, peuvent également participer à l'induction de ce système. L'activation du système Mo/Mac peut contribuer à une réponse inflammatoire en libérant les cytokines pro inflammatoires, le TNF-α, IL-8, IL-6 (Park et *al.*, 2003) et la production du NO (Guenane et *al.*, 2006).

L'activité CSIF (Cytokine synthetis inhibitory factor) qui était à l'origine de l'IL-10 est maintenant clairement établie sur le système Mo/Mac. L'IL-10 inhibe, en effet la synthèse de plusieurs cytokines par ce système telles que l'IL1 (α etβ), le TNF-α, l'IL-6, l'IL-8, le GM-CSF et l'IL-12. Ces cytokines ont une activité pro-inflammatoires ce qui situe l'IL-10 dans une situation privilégiée. De plus, elle inhibe la production du NO et augmente l'expression de l'IL-1 Rα dont les fonctions anti-inflammatoires ont été rapportées (O'Shea et *al.*, 2000; Guenane et *al.*, 2006).

Chapitre 4: La réponse immunitaire anti-hydatique.

L'IL-10 inhibe également l'expression des antigènes d'histocompatibilités de classe II et la molécule B7 impliquée dans la costimulation des lymphocytes T (Touil- Boukoffa et al., 2000 ; Ait Aissa et al., 2006). De plus l'IL-10 stimule l'expression de FcγR1 (de haute affinité) et augmente les fonctions effectrices des macrophages, fonction ADCC (Antibody dependant cellular cytotoxicity) (O'Shea et al., 2000 ; Guenane et al., 2006).

### 1-3-Le système monocyte/macrophage et parasitose :

Un système entièrement original d'induction de la NOS II est décrit dans le système Mo/Mac humains, En effet, la ligation de l'antigène de surface CD23 conduit à l'expression d'une NOSII fonctionnelle. Le CD23 est le récepteur de basse affinité pour les IgE (Fc εRII). C'est une glycoprotéine transmembranaire de 45 kDa qui, à l'opposé de tous les autres récepteurs Fc, n'appartient pas à la superfamille des immunoglobulines mais c'est un membre de la famille des lectines de type C. Cette molécule est inductible par différentes cytokines notamment l'IL-4 et l'IFN-γ. Outre, l'IgE, le CD23 a autres ligands biologiques comme le CD 21 et le CD11/c. L'engagement du CD23 à la surface cellulaire des macrophages humains par les complexes immuns à IgE ou par des anticorps monoclonaux anti CD23 engendre une destruction NO dépendante de parasites intracellulaires (Leishmaniose, Toxoplasmose)

Ces résultats indiquent clairement l'expression d'une NOSII fonctionnelle dans les macrophages humains. Il a été rapporté qu'*in vitro*, ou *in vivo* la production de NO par les macrophages humains CD23 dépendante est down-regulée par l'IL-4 démontrant que les immunopropriétés de l'IL-4 (induction ou suppression) sont différentes selon l'état d'activation des cellules ( Ait Aissa et al., 2006). Il est nécessaire de révéler que l'engagement de CD23 régule également la production des cytokines pro-iflammatoires telles que le TNF-α et l'IL-6 (Touil-Boukoffa, 1998)

Chapitre4: La réponse immunitaire anti-hydatique.

Les cytokines de la voie Th1, notamment l'IFN-γ, en stimulant les fonctions microbicides des macrophages (phagocytose et production du NO) participent activement dans l'élimination des micro-organismes intracellulaires tels que les bactéries et les parasites à multiplication intracellulaire même si cette stimulation est accompagnée d'une réponse inflammatoire accrue (Denis, 1991; Colsanti et al., 2002 ; Qadoumi et al., 2002).

Au cours de la leishmaniose la génération des dérivés actifs d'oxygène et de nitrogène est bloquée par le parasite (Riches et al., 1998 ; Rigano et al.,2004), ceci est due à l'interférence de ce dernier avec la transduction du signal. Par ailleurs les LPG (glycoconjugué exprimé à la surface cellulaire du parasite) régule de façon négative la production du NO dans le macrophage murin (Gui-jie Feng et al., 1999 ; Ghosh, Sanjukta et al., 2000). En effet, il existe une corrélation entre le contrôle de la réplication du parasite par l'hôte et l'activation de Th1 qui produit les cytokines activateurs des macrophages, IFN-γ et IL-2 (Das et al., 2001) dont l' IFN-γ est un immunopotentiateur. Il permet l'augmentation de la capacité du macrophage d'éliminer les parasites à multiplication intracellulaire en libérant le TNF-α et NO ( K Jackson et al., 1997). L'infection, progressive par la *Leishmania donovani*, induit la synthèse des cytokines anti-inflammatoires, IL-10, TGF-β qui inhibe la voie Th1 et la génération de NO. (Mookerjee et al, 2003), l'activation de tyrosine phosphatase est également notée lors de cette parasitose et joue un rôle important dans l'activation des MAPKs. (Ghosh, Sanjukta et al., 2000). Une libération importante de céramide est observée au cours de la Leishmaniose, ce dernier est un immunosuppresseur libéré suite à l'action de la Sphingomyélinase (SMase) (Ghosh Sanjukta et al., 2002) induit par le TNF-α et l'IFN-γ (Simon K Jackson et al., 1997) sur la Sphingomyéline membranaire, responsable de la suppression de l'activation des facteurs transcriptionnels AP-1 et NF-kB et la génération de NO en activant la tyrosine phosphatase qui déphosphoryle la MAPKs (Sanjukta Ghosh et al., 2002).

Au cours de l'hydatidose, la production de NO par le système Mo/Mac est également observée *in vitro* en utilisant des PBMC issues des patients atteints d'hydatidose induites par les antigènes parasitaires (Touil-Boukoffa et al.,1998) et d'autres cytokines marqueurs du système Mo/Mac, l'IFN-γ, TNF-α (Touil-Boukoffa, 1998 ; Margutti et al., 2002 ;Mezioug, 2002 ).

## 2- La réponse humorale.

Tout organisme supérieur dispose d'un système immunitaire qui lui permet de distinguer le « soi » du « non-soi ». Appartiennent au « non-soi » les antigènes parasitaires (protéines, glycoprotéines ou glycolipides) qu'ils soient somatiques ou métaboliques et libérés dans le milieu intérieur de l'hôte (toxines, protéines métaboliques). Les réactions immunitaires contre les parasites sont fondées sur les mêmes principes que celles mises en œuvre contre les bactéries, mais l'hôte manifeste souvent, à l'égard des parasites, une curieuse tolérance non spécifique au parasite.

La tolérance immunitaire peut être totale ; le parasite, n'étant pas reconnu en tant que corps étranger, ne déclenche aucune réaction de défense.

Les anticorps dirigés contre les antigènes parasitaires de surface ou contenus dans les sécrétions du parasite (immunoglobulines IgG, IgM, IgA, IgE) sont produits par les Lym B et peuvent, soit y rester attachés, soit se détacher (anticorps circulants) et venir se fixés sur les antigènes en formant le complexe immun Ag-Ac, soit venir se fixer sur les récepteurs appropriés situés à la surface de diverses cellules sanguines : Lym B et T, NK, Mo, Mac.

Cette réponse adaptative se développe lentement ; elle permet souvent l'installation d'une immunité acquise protectrice ou d'une simple prémunition.

## Chapitre 4: La réponse immunitaire anti-hydatique.

Les anticorps en se liant sur les antigènes de surface du parasite, peuvent :

- Servir d'opsoniseur et donc faciliter la phagocytose par les macrophages.
- Provoquer l'agglutination des parasites ou des cellules infectées exprimant les antigènes des parasites à leur surface.
- Contribuer à la lyse du parasite, soit par le système du complément, soit par cytotoxicité à médiation cellulaire en l'absence de complément (Pierre Cassier, 1998).

L'induction expérimentale d'une seconde infection au niveau du système murin, en injectant des protoscolesx au niveau de la cavité intrapéritonéale. Un taux élevé en IgG1 spécifique est détecté au niveau sérique et l'IgG3 au niveau de la cavité intrapéritonéale (Dematteis, 1999 ; Haralabidis, 1995 ; in Zhang et al., 2003). Ces données suggèrent que la polarisation Th2 est dominante dans l'infection secondaire par Eg, T-Indépendant ( Margutti et al., 2002 ; Baz, 1999; in Zhang et al., 2003).

La réponse en Ac peut être fortement retardée ou indécelable. La cinétique des anticorps circulants montre la présence d'IgG, IgE et IgM avant l'exérèse avec une longue persistance des IgG. Le type d'anticorps est souvent lié à l'état du kyste ou à sa localisation. Ainsi, on observe la présence des IgE dans les cas de fissuration du kyste et la prépondérance des IgA dans les cas de kystes pulmonaires (Hocquet et al., 1983 ; Nozais, 1996 ; Ortona et al., 2005). Notons que la production des IgA contribuerait au contrôle immunitaire de la fécondité des helminthes.

Le taux d'IgG augmente plus souvent que celui des IgM ou des IgA, après exérèse du kyste, les taux d'IgM peuvent revenir à la normale en quelques mois, alors que le taux d'IgE peut persister plus longtemps (Rippert, 1998).

Fernandez-Pomi et al (1997) rapportent des taux significatifs d'IgE et IgG4. Les IgG1 se fixeraient fortement à la sous unité de 38 kDa de l'Ag 5 et l'IgG4 aux sous unités de 20, 16 et 12 kDa de l'Ag B(Rigano et *al.*, 1995 ; Ortona et *al.*, 2005) comme il se lie de façon très spécifique à la sous unité de 8 kDa de l'Ag B (Rigano et *al.*, 2004). On attribue à cette dernière immunoglobuline et aux IgM un rôle dans la réinfestation (Nozais, 1996). Les travaux de Rigano et al (1997) confirment ces résultats et établissent une corrélation entre l'expression de ces immunoglobulines et la production d'IL-5. Rappelons que cette dernière stimule la croissance, la différenciation ainsi que l'activation des éosinophiles. Elle contribue de cette façon à la destruction des helminthes (Rigano et *al.*, 2004 ; Ortona et *al.*,2005).

## 3- la réponse tissulaire :

### 3-1- Inflammation :

L'exacerbation de l'infection au cours de l'hydatidose humaine fait suite à la mise en place d'une inflammation chronique liée à l'expression des cytokines pro-inflammatoires, TNF-α, IL-6 et production du NO, dont la production de ce dernier est démontrée *in vivo* et *in vitro* (Touil-Boukoffa, 1998).

Au niveau murin, l'inflammation provoquée par les PSC au niveau du site d'infection montre une infiltration cellulaire dont, les neutrophiles, eosinophiles, macrophages et les cellules mastocytaires (Riley et *al.*,1986 in zhang et *al.*, 2003). En effet, après un mois d'infection par E.g, au niveau de la cavité intrapéritonéales une infiltration remarquable des macrophages est notée, de plus une transcription importante des cytokines proinflammatoires IL-1β, TNF-α et l'inductible NOSII ont été observés (Wellinghausen et *al.*, 1999 ; in Zhang et *al.*, 2003).

Chapitre4: La réponse immunitaire anti-hydatique.

## 4- La réponse cellulaire :

### 4-1- La Dichotomie Th1/Th2 :

#### 4-1-1-Définition :

Une dichotomie fonctionnelle et phénotypique au sein des cellules T helper CD4+ a été mise en évidence en 1986 par Mosmann et coll. sur des lignées cellulaires T clonées (Cherwinski et *al*., 1987 ; Mosmann et *al.,* 1987 ; Mosmann et *al.,* 1991). La première sous-population, appelée Th1, est capable de produire IL-2, IL-3, IFN-γ et la lymphotoxine (TNF-β). Elle est responsable des réactions d'hypersensibilités retardées, de l'activation des macrophages, de la destruction de cellules lymphomateuses B, et est ainsi plus impliquée dans les réactions de défenses contre les pathogènes intracellulaires. La seconde sous population, appelée Th2, elle se caractérise par la sécrétion d'IL-4, IL-5, IL-6 et IL-10, est impliquée dans l'aide à la production d'anticorps par les cellules B, dans les réactions d'hypersensibilité immédiate médiées par les IgE, et de manière générale dans les réactions de défenses contre les pathogènes extracellulaires. Il est important de faire les observations suivantes :

Il existe un antagonisme mutuel entre ces deux sous populations. Ainsi la présence d'IL-4 lors du développement *in vitro* d'effecteurs Th favorisent le développement d'effecteurs IL-4-secrétants (Th2) et inhibe le développement d'effecteurs IL-2-sécrétants (Th1). Inversement l'obtention de cellules Th1 est préférentielle lorsque des cellules CD4 sont clonées en présence d'IFN-γ ( Swain et *al.,* 1988 ; Swain et *al.,* 1990 ; Buttari et *al.,* 2005) .Cette dichotomie Th1/Th2 ne doit pas être restreinte aux seules cellules CD4+, dans la mesure où l'on met en évidence une telle hétérogénéité parmi les cellules CD8+ ( Inoue et *al.,* 1993 ; Seder et *al.,* 1992).

Deux cytokines ont été identifiées comme facteurs régulant la différentiation des cellules Th naïves (appelées Thp et IL-2-sécrétantes) vers les phénotypes Th1 ou Th2 (Il-12

Th1 ; Il-4 Th2) suivant une stimulation antigénique donnée. Mis à part le rôle de l'environnement en cytokines précédemment cité, le rôle des cellules présentatrices d'antigènes est certainement essentiel. Aussi on a rapporté l'existence de réponses préférentielles Th1 ou Th2 *in vitro* selon la nature de la cellule présentatrice d'antigène utilisée (macrophage, cellule dendritique, cellule B ou cellule de Küpffer) (Gajewski et *al.*, 1991). Ainsi, on a rapporté que certains agents pathogènes induisent la synthèse par les macrophages et cellules dendritique d'IL-12 (Buttari et *al.*, 2005) qui à son tour favorise la différentiation de cellules Th naïves en cellules Th1 (Hsieh et *al.*, 1993 ; Scott et *al.*, 1993 ; Ortona et *al.*,2005 ; Buttari et *al.*, 2005).

### 4-1-2- La voie Th1 :

La réponse Th1 joue un rôle capital dans l'immunité à médiation cellulaire. Les isotypes dépendants de l'IFN-$\gamma$ sont impliqués dans l'opsonisation et la phagocytose des micro-organismes à multiplication intracellulaire. Il s'agit, chez la souris, de l'IgG2a et l'IgG3. Leurs homologues humains seraient probablement l'IgG1 et l'IgG3. l' IFN-$\gamma$ est aussi un puissant activateur des fonctions des macrophages qui produisent les cytokines à activité pro-inflammatoires : Il-1, TNF-$\alpha$, Il-8, et le monoxyde d'azote (NO) conduit à l'exacerbation de l'inflammation. Cette voie est rencontrée dans l'immunité anti-infectieuse et les réponses auto-immunes (Singh et *al.*, 1999 ; Toui-Boukoffa et *al.*, 2000 ; Guenane et *al.*, 2006).

### 4-1-3- La voie Th2 :

Les cytokines Th2 sont impliquées notamment dans les réponses humorales et allergiques. L'IL-4 est un inducteur majeur de la production d'IgE et par conséquent l'activation des mastocytes. L'IL-4 et l'IL-10 sont douées d'importantes propriétés anti-inflammatoires. Cette activité s'exprime en inhibant la production des cytokines pro-inflammatoires par les macrophages (Singh et *al.*, 1999 ; Toui-Boukoffa et *al.*, 2000 ;Guenane et *al.*, 2006).

Chapitre 4: La réponse immunitaire anti-hydatique.

Les deux clones Th1/Th2 sont mutuellement antagonistes. L'IFN-γ inhibe la prolifération des Lym Th2 et réciproquement l'IL-10 inhibe l'induction de l'IFN-γ et le développement du clone Th1 (Touil-Boukoffa et *al.*, 2000a,b ; Mezioug et Touil-Boukoffa, 2005).Cet antagonisme a ouvert des perspectives pour le traitement, par immunointervention, de plusieurs maladies où les sous populations des Lym T sont impliquées. En effet, l'administration de l'IL-12 au début de l'infection augmente la résistance contre les agents infectieux. Cette cytokine possède également des effets potentiels contre les tumeurs dans plusieurs modèles expérimentaux. Par ailleurs, l'inhibition des réponses Th1 par l'IL-10, ou l'induction des cellules Th2 (en administrant de l'IL-4) est une approche proposée pour le traitement des maladies auto-immunes inflammatoires.Il est à signaler que le degré de polarisation Th1 ou Th2 augmente avec la chronicité des réponses immunitaires, ce qui a amené certains auteurs à proposer des termes tel que Th1 like et Th2 like dominant et Th2 dominant (Touil-Boukoffa et *al.*, 2000 ; Ait Aissa et *al.,* 2006, Guenane et *al.*, 2006 ).

### 4-1-4- Phénotype Th1/Th2 et pathologie :

La dichotomie Th1/Th2, initialement mise en évidence *in vitro* chez la souris a vu récemment son existence confirmée chez l'homme (Romagnani et *al.,* 1990). Le rôle potentiel des cellules Th2 a été illustré par divers exemples dans le domaine de la pathologie. Ainsi dans un modèle murin de transplantation cardiaque, il a été suggéré que l'induction d'une tolérance périphérique était associée à l'activation préférentielle d'effecteurs Th2 (Takeuchi et *al.*, 1993). Plus récemment, on a rapporté que des souris rendues déficientes dans l'expression d'IL-4 et donc dans les réponses Th2, étaient résistantes au syndrome murin d'immunodéficience acquise (MAIDS) (Cohen et *al.,* 1993 ; Kanagawa et *al.,* 1993). Les perspectives thérapeutiques offertes par ces découvertes doivent être tempérées par la toxicité de ces cytokines. Ainsi l'augmentation du rapport Th2/Th1 favorise la prolifération des cellules B en réponse à des activateurs polyclonaux (Field et *al.,* 1992). Il paraît ainsi préférable d'envisager des stratégies utilisant des anticorps anti-cytokines.

## 4-2- La Dichotomie Th1/th2 et hydatidose :

Les travaux antérieurs sur le profil cytokinique au cours de l'hydatidose ont montré une production *in vivo* et *in vitro* des cytokines de la voie Th1 (IFN-γ, IL-2) et de la voie Th2 (IL4, IL-6, IL-10) (Touil-Boukoffa, 1998 ; Mezioug, 2002 ; Mezioug et Touil-Boukoffa, 2005). L'implication du système Mo/Mac est également démontrée par la production du TNF-α, IL-12 et le monoxyde d'azote (NO) après expression de la NOSII (Touil-boukoffa, 1998 ; Wellinghausen et *al.*, 1999 in Zhang et *al.,* 2003 ; Amri et *al.* 2005). Ainsi une production de l'IL-18 est détectée *in vitro* après induction des PBMC des patients atteints d'hydatidose par les deux fractions majeurs du liquide hydatique ; la F5 et la F4, dont la production est stade clinique dépendant (Mezioug et Touil-Boukoffa, 2005). Il faut signaler qu'il existe une inter-inhibition des deux voies Th1 et Th2, l'IFN-γ inhibe la prolifération des lymphocytes Th2, alors que l'IL-10 inhibe la prolifération des lymphocytes Th1 ((Touil-Boukoffa, 1998).

L'expression de l'IL-10 et IFN-γ à des taux élevés montre que la réponse immunitaire vis à vis de Eg est régulée par le profil Th1 (Th0) et Th2 (Touil-Boukoffa, 1998 ; Mezioug, 2002).

Il n'est pas expliqué à l'heure actuelle comment cette infection induit en même temps la production des cellules Th1 et Th2 dont chaque clone down –régule l'autre (Touil-Boukoffa et *al.*, 1998 ; Mezioug, 2002 ; Amri et *al.*,2005).

## Chapitre 5 : matériel et méthodes

### 1-Matériel et méthodes :

#### 1-1-Matériel biologique :

**1-1-1-Les patients :**
Des patients atteints d'hydatidose dont la localisation majoritaire est hépatique, confirmé par radiologie et par la sérologie (n=15) au niveau des différents services hospitaliers d'Alger (Service chirurgie à l'hôpital de Rouiba, Service thoracique à l'hôpital Mustapha).

**1-1-2-Les rats :**
Des rats *Wistar* de sexe mâle dont le poids moyen est de 250 g ont été utilisés (n=12).

**1-1-3-Le sang total :**
Des prélèvements pré et post- opératoires ont été effectués sur des patients (n=15) et également des sujets sains (n=5) sur des tubes héparinés à raison de 10 ml/tube. Après décantation, le plasma récupéré est centrifugé à 3000 rpm pendant 10 mn à +4°C. Les surnageants récupérés sont conservés graduellement à – 45°C pour les dosages ultérieurs.

**1-1-4-Le milieu de culture :**
Il s'agit du RPMI-1640, ce milieu est enrichi par addition de 10% de sérum de veau fœtal, 1mg/ml de glutamine, 300 mg/ml de tricine pH 7,4 et 2 mM d'un mélange d'antibiotique (40 mg/l de gentamycine et de pénicilline). Ce milieu est destiné à la culture des PBMC.

## 1-1-5-Le Kyste hydatique :

Après exérèse chirurgicale ( chez l'homme) , le kyste obtenu est conservé à +4°C. Le kyste doit être fertile et en bon état, ni surinfecté, ni fissuré, ni rompu.

## 1-2-Préparation des échantillons antigéniques :

### 1-2-1 Le choix du kyste :

Après exérèse chirurgicale, le kyste obtenu est conservé à +4°C. Le kyste doit être fertile et en bon état, ni surinfecté, ni fissuré, ni rompu. A partir du kyste nous récupérons les échantillons suivants :

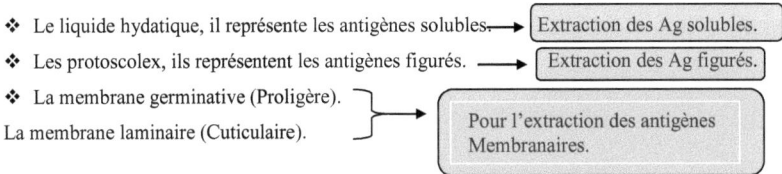

- ❖ Le liquide hydatique, il représente les antigènes solubles. → Extraction des Ag solubles.
- ❖ Les protoscolex, ils représentent les antigènes figurés. → Extraction des Ag figurés.
- ❖ La membrane germinative (Proligère).
  La membrane laminaire (Cuticulaire). → Pour l'extraction des antigènes Membranaires.

Le liquide hydatique est aspiré de la superficie du kyste après sédimentation du sable hydatique, puis centrifugé à 3000 rpm pendant 30 mn, le liquide ainsi recueilli est conservé à – 40° C.

Le culot récupéré contient les PSC est lavé plusieurs fois avec du PBS stérile (pH=7,4). Il est conservé à – 40 °C.

Après ponction du kyste, les PSC récupérés sont lavés au PBS stérile (pH=7,4) et conservés à – 40° C.

La membrane proligère est récupérée et plongée dans du PBS stérile (pH=7,4) et conservée à + 4° C.

La membrane laminaire est récupérée et plongée dans du PBS stérile (pH=7,4) et conservée à + 4° C.

### 1-2-2-Les sérums :

Des prélèvements pré et post- opératoires sont effectués à partir des patients atteints d'hydatidose à des localisations différentes. Les sérums récupérés après décantation sont centrifugés à 3000 rpm pendant 10 mn, les surnageants obtenus sont conservés à $-40°$ C pour les dosages ultérieurs.

### 1-2-3-Extraction des protéines membranaires :

Le protocole d'extraction est basé essentiellement sur la lyse des membranes par un choc thermique et physique suivis d'une solubilisation sous l'action d'un détergent non dénaturant et non ionique; le Triton-X100 avec une cmc (concentration micellaire critique) de 0,2 mM, en vue de solubiliser les protéines constitutives.

### 1-2-4-Mode opératoire :

## Chapitre 5 : Matériel et méthodes

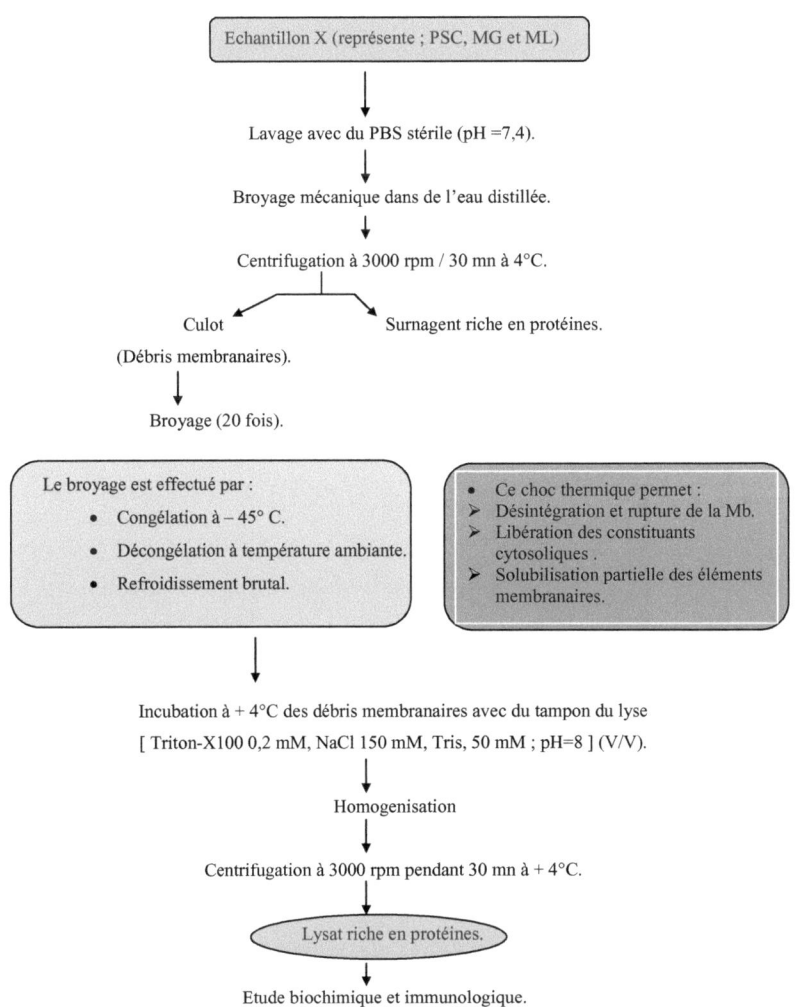

**Fig. 11 : Protocole d'extraction des protéines membranaires.**

## 2-Caractérisation des protéines des éléments constitutives du kyste hydatique sur Gel de polyacrylamide (SDS – PAGE) :

### 2-1-Principe :
C'est une technique de séparation des molécules chargées électriquement en fonction de leurs charges ou de leurs tailles, selon leurs vitesses de migration dans un champ électrique, les molécules chargées en solution sont déposées sur un support imprégné d'une solution saline conductrice, le champ électrique est crée par un générateur de courant continu dont les pôles sont reliés aux extrémités du support. Les molécules chargées négativement préalablement traitées avec du SDS se déplacent vers le pôle positif du support, ce dernier est constitué du gel de polyacrylamide qui forme des mailles des pores. La vitesse de migration dépend de la taille des pores, plus la molécule sera grosse, moins elle migrera rapidement. La distance de migration étant proportionnelle au log inverse de la masse moléculaire. On pourra déterminer le PM des protéines en fonction de leurs distances de migration.

### 2-2-Mode opératoire :
La migration est réalisée sur un gel de polyacrylamide discontinu, un gel de concentration à 5%, et de séparation à 13 %. Après avoir déposé l'échantillon (dilué à ½ dans un tampon d'échantillon et chauffé à 100°C dans un bain marie), la migration est effectuée verticalement sous un voltage de 80-100V le long du gel, au voisinage du bord inférieur (1cm), la migration est arrêtée.

La révélation des différentes bandes est réalisée après coloration au bleu de coomassie (0.85%( 5Vméthanol/ 1Vacide acétique/ 4V eau distillée) et la décoloration sera effectuée à l'aide d'une solution d'acide acétique à 10% /méthanol à 50%.

Chapitre 5 : Matériel et méthodes

## 2-3-Purification sur gel de SEPHADEX G-200 :

### 2-3-1-Principe :
C'est une technique d'analyse physico-chimique permettant la séparation des molécules en fonction de leur PM.

Les composés d'un mélange de protéines sont répartis entre deux phases ; une phase stationnaire constituée d'un gel poreux dont le diamètre des pores est une caractéristique de chaque gel et une phase mobile constituée d'un tampon d'élution.

Lorsqu'un mélange protéique de PM différents traverse le gel, les grosses molécules dont le diamètre est supérieur à celui des pores seront exclues, les petites et les moyennes seront ralenties dans les mailles du gel, ainsi la séparation se réalisera dans un ordre décroissant de leur taille.

### 2-3-2-Mode opératoire :
12 g de SEPHADEX G-200 (domaine de fractionnement 5-600 kDa) dilué dans du tampon Tris-HCl 0.1M NaCl 1M, pH8 ; gonflé pendant 3jours à +4°C et dégazé sous vide est coulé dans une colonne à 1m. Après le tassement du gel, la colonne est étalonnée par un mélange protéique dont le PM est connu (Bleu Dextran (200kDa), BSA (67 kDa), OVA (43 kDa, cytochrome-C (12 kDa)).

La courbe étalon est déterminée par la relation linéaire existantant entre le coefficient de corrélation KaV [KaV= Ve – V0/ Vt-V0 ; (0 ≤ KaV≤ 1)] et le log de PM des protéines (Annexe, tableau XI).

3 ml de l'échantillon concentré sont déposés délicatement au dessus du lit du gel, l'élution est effectuée par un tampon Tris-HCl 0.1M NaCl 1M, pH 8 avec un débit de 10 ml /cm$^2$/h . Les fractions éluées (5 ml) collectées sont dosées à 280 nm.

Chapitre 5 : Matériel et méthodes

## 3-Etude immunologique :

### 3-1- Caractérisation antigénique par Immuno-diffusion double (IDD) :

**3-1-1-principe :**
Son principe est basé sur la propriété des antigènes et des anticorps de diffuser sur la gélose et de former un arc de précipitation au point d'équivalence correspondant au complexe immun, la révélation de plusieurs arcs de précipitation traduit les diversités d'épitopes antigéniques.

**3-1-2-Mode opératoire :**
3,5 ml de solution d'agarose à 1% dans du tampon véronal pH8,2 portés à une température d'ébullition avec du citrate trisodique à 5% puis coulés sur des lames préalablement dégraissées à l'alcool . Après refroidissement et solidification à +4°C pendant 30 – 60 mn, les réservoirs sont découpés à l'aide d'un emporte-pièce.

Les fractions obtenues sont déposées sur des lames contenant de l'agarose à 1 % en présence du tampon véronal. Ces fractions sont testées contre un sérum de patients atteint d'hydatidose hépatique confirmé par chirurgie. La lame est incubée pendant 48h en chambre humide. Après diffusion, les lames sont lavées dans du citrate trisodique à 5% pendant 3h, pour éliminer toutes les liaisons non spécifiques et dans du NaCl à 0,9%, puis colorées à l'Amido-Schwartz et décolorées avec la solution acide acétique/méthanol /eau distillée (V/5V/4V).

## 3-2-Préparation des cellules mononuclées du sang périphérique (PBMC) et mise en culture :

### 3-2-1-Principe :

Il porte sur la séparation des cellules du sang selon le gradient de densité sur un milieu à base de Ficoll-hypaque, ce dernier à une densité (d=1,077) supérieur à celle des lymphocytes et monocytes et inférieure à celle des globules rouges et des polynucléaires neutrophiles. Ces paramètres permettent la récupération des PBMC à l'interface du Ficoll-hypaque.

### 3-2-2-Mode opératoire :

## Chapitre 5 : Matériel et méthodes

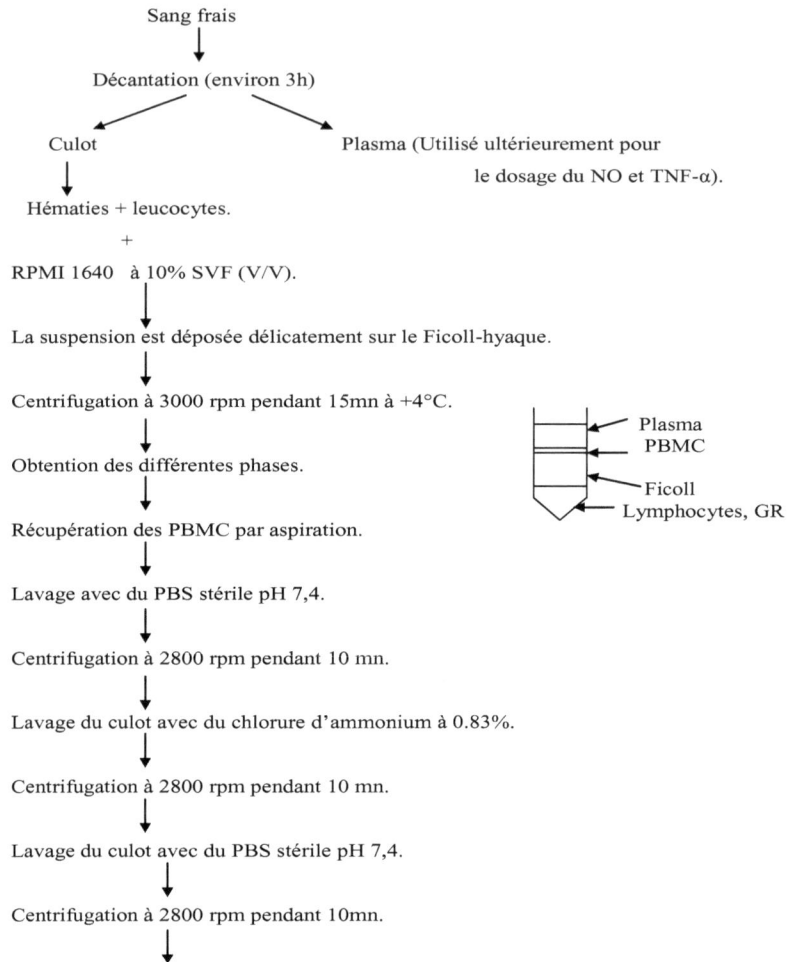

Fig. 12 : **Protocole expérimental de la préparation des PBMC.**

### 3-2-3-Test de viabilité :

A 25 µl de la suspension cellulaire on ajoute 15 µl du Bleu de trypan (0,2%), après 5 mn d'incubation la préparation est déposée sur une lame de Malassez et l'observation s'effectue au microscope photonique inversé avec objectif X 40. Après dénombrement de 5 champs choisis. La moyenne est déterminée selon la formule suivante :

Densité cellulaire ($10^6$ cellules/ml) = 2,4 x $10^5$ x M/d.

M : Moyenne des cellules pour les cinq champs.

d : Facteur de dilution.

### 3-Culture cellulaire :

Des aliquotes (200µl) de la suspension cellulaire (PBMC+RPMI1640 à 10% SVF) sont déposés sur une plaque de 96 puits, dans des conditions d'humidité à 5% CO2 et incubés à 37°C pendant 18-22 h en présence de 10µg/ml d'effecteurs antigéniques caractérisés. Cette culture est utilisée pour l'étude *in vitro* de la production du NO et du TNF-α.

### 4-Méthodes de dosage :

### 4-1-Dosage protéique par la méthode de Bradford :

### 4-1-1-Principe :

La méthode de Bradford est une technique colorimétrique qui permet la détection de microquantités de protéines en solution. Le réactif de Bradford change de couleur du rouge-brun au bleu, ceci traduit la formation d'un complexe réactif-protéine ayant un système de double liaisons conjuguées dont le maximum d'absorption est à 595 nm.

L'intensité de la coloration dosée par spectrophotométrie, est proportionnelle à la quantité de protéines dans le milieu selon la loi de Beer-Lamber (DO=εLC).

Chapitre 5 : Matériel et méthodes

### 4-1-2-Mode opératoire :

Une gamme étalon est préparée à partir de concentration croissante de 0 à 100 µl d'une solution de BSA à 1%, la dilution est effectuée avec du PBS à pH=7,4 pour obtenir des volumes finaux de 100 µl. Chaque tube reçoit 3ml de solution de Bradford, le développement de la réaction colorimétrique est effectué à l'obscurité pendant 15 mn suivi d'une lecture des densités optiques ($\lambda = 595$ nm) contre un blanc. La concentration des protéines est déterminée à partir de la courbe étalon (Annexe, Fig 49).

### 4-2-Dosage des Nitrites totaux par la méthode de Griess modifiée :

Après réduction des Nitrates ($NO_3^-$) en Nitrite ($NO_2^-$) par la Nitrate réductase).

### 4-2-1-Principe :

Le réactif de Griess révèle la présence de Nitrite par une réaction de diazotation qui forme un chromophore absorbant à 543 nm.

Le Nitrite ($NO_2^-$), des métabolites stable du NO est mesuré par la réaction colorimétrique de Griess à partir des sérums (Pré et post-opératoire) des patients atteints de l'hydatidose, des volontaires sains et rats stimulés avec des antigènes parasitaires (LH, PSC (M), ML(e)) et des surnageants de culture des PBMC induites par les différents antigènes isolés des éléments constitutifs du kyste hydatique (LH, PSC, MG, ML).

Le réactif de Griess donne une coloration rose plus au moins intense lorsqu'il réagit avec les $NO_2^-$. Le dosage est effectué après incubation de 100µl de l'échantillon en présence de 50µl de la suspension bactérienne (diluée à 1/10) *Pseudomonas oleovarans* (ATCC 8062) qui réduit le Nitrate en Nitrite sous l'action de la Nitrate réductase, après 1h30mn d'incubation à 37°C (90% de nitrate et réduit en nitrite).

Les échantillons sont centrifugés (100 µl) puis mélangés avec 100 µl de réactif de Griess (0.5% N-1-naphtyl éthylène diamine dans 20%HCl, 5% sulfanilamide dans 20%

HCl (V/V)). Après 20mn d'incubation à l'obscurité, à température ambiante, la DO est mesurée à 543 nm. La concentration des nitrites est déterminée par extrapolation sur la courbe étalon établie au préalable.

### 4-2-2-La courbe d'étalonnage des Nitrites :

A partir des concentrations croissantes de Nitrite de Sodium [NaNO2] à 500µM, une gamme étalon est préparée sur un intervalle de [0-100] µM ; après 20mn d'incubation à l'obscurité à température ambiante, une lecture de DO est réalisée à une longueur d'onde de 543 nm ce qui permet de tracer la courbe étalon DO=f ([NaNO2]) (Annexe, Fig 50).

### 4-2-3-Préparation de la souche bactérienne (*Pseudomonas oleovarans* (ATCC 8062)) :

La préparation de la culture bactérienne a porté sur l'ensemencement de la souche en phase logarithmique sur un milieu nutritif, après 24 h d'incubation à 37°C un maximum des colonies est prélevé et resuspendu dans un bouillon nutritif.

Après une nuit d'incubation sous agitation à 37°C, la suspension est centrifugé à 1500 rpm pendant 20mn à +4°C ,puis lavée 3 fois au PBS stérile à pH 7,4, le culot est remis en suspension dans du PBS stérile à raison de 1g/10ml. La souche bactérienne est conservée à – 45°C en présence d'un agent cryoprotecteur, le glycérol à 10%.

Le schéma suivant résume le protocole expérimental du dosage des Nitrites totaux selon la méthode de Griess.

### 4-2-3-1-Préparation de la souche.

Chapitre 5 : Matériel et méthodes

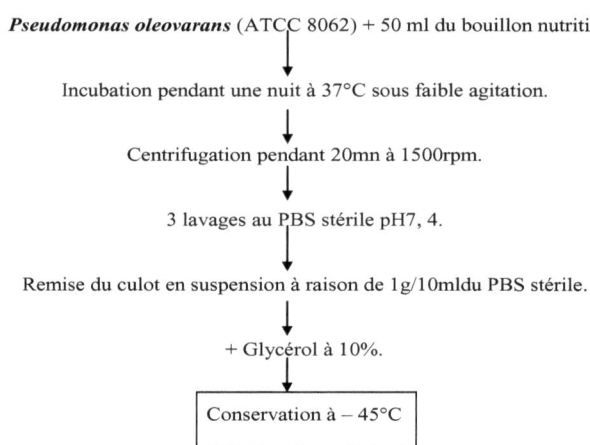

Fig. 13 : Protocole expérimental de la préparation de la souche *Pseudomonas oleovarans* (ATCC 8062).

4-2-3-2-Dosage

Chapitre 5 : Matériel et méthodes

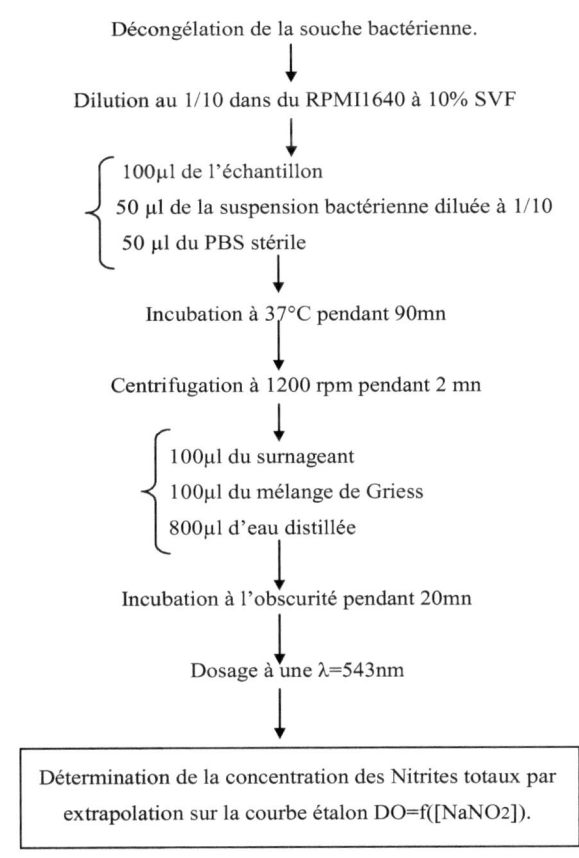

Fig.14 : **Dosage des Nitrites totaux selon la méthode de Griess modifié.**

## 4-3-Dosage immunoenzymatiqe du TNF-α (Selon IMMUNOTHECH) :

### 4-3-1-Principe :
Il s'agit d'un dosage immunoenzymatique de type sandwich. Dans les puits d'une plaque de microtitration recouverts du premier anticorps monoclonal anti-TNF-α sont incubés les échantillons à doser ou standards ainsi que le deuxième anticorps monoclonal anti-TNF-α [Immunothech] couplé à la phosphatase alcaline. Après incubation, le contenu des puits est vidé et rincé et l'activité enzymatique est révélée par addition d'un substrat chromogène. L'intensité de coloration développée est proportionnelle à la concentration en TNF-α présente dans l'échantillon ou le standard.

### 4-3-2-Mode opératoire :
Sur une microplaque de 96 puits recouverts du premier anticorps monoclonal anti-TNF-α, 100 µl du deuxième anticorps monoclonal anti-TNF-α couplé à la phosphatase alcaline est distribué en gardant le premier puit vide.

Le standard, les sérums et les surnageants de cultures sont distribués sur la plaque de microtitration à raison de 100µl par puits, l'ensemble est incubé 120mn à température ambiante sous faible agitation.

Après lavage l'activité enzymatique est révélation en ajoutant 200µl du substrat, Para-nitrophénylphosphate (pNPP). La réaction chromogénique se développe à l'obscurité pendant 30mn et arrêtée avec une solution du NaOH 1N. L'absorbance est lue à $\lambda=415$nm contre le blanc substrat.

# 5- Etude *in vivo* :

## 5-1- Au niveau du système humain :

Afin d'étudier la relation NO/TNF-α et hydatidose, des dosages du NO et TNF-α au niveau des sérums pré et postopératoire des patients dont le diagnostic est confirmé chirurgicalement ont été effectués, en comparaison avec des sérums témoins.

Le NO est dosé également au niveau du liquide hydatique à des localisations différentes, dans le but d'étudier la relation NO / fertilité.

## 5-2- Au niveau du système murin :

### 5-2-1- Mise au point du taux du NO au niveau des sérums témoins :

#### 5-2-1-1- Immunisation des rats par les antigènes parasitaires :

Des injections intrapéritonéales sont réalisées au niveau des rats sur une durée d'un mois en utilisant les antigènes parasitaires, le liquide hydatique, les protoscolex mort et les extraits bruts de la membrane laminaire. Après chaque stimulation des prélèvements sanguins sont réalisés et un dosage du NO sérique est effectué.

- Lot n°1(n=3) : les rats reçoivent du LH avec une gamme de concentration de [10-200µg/ml] au niveau de leurs cavités intrapéritonéales.

- Lot n°2 (n=3) : Les rats reçoivent du PSC (M) avec une gamme de concentration de [10-200µg/ml] au niveau de leurs cavités intrapéritonéales.

- Lot n°3(n=3) : Les rats reçoivent du ML(e) avec une gamme de concentration de [10-200µg/ml] au niveau de leurs cavités intrapéritonéales.

- Lot n°4 (n=3) : Les rats reçoivent de l'eau physiologique. Il est utilisé comme témoin.

### 5-2-1-2-Prélèvements sanguins :

Des prélèvements sanguins ont été réalisés au niveau de l'œil dans le sinus rétro orbitaire. Le bout de la pipette est introduit par pression rotative (1mm), la paroi fragile des vaisseaux est perforée et le sang monte par capillarité.

### 5-2-1-3- Dosage des Nitrites :

Les Nitrites sont dosés au niveau des sérums récupérés tous les 3 jours pendant un mois, par la méthode de Griess.

### 5-2-2- Protocole expérimental :

Chapitre 5 : Matériel et méthodes

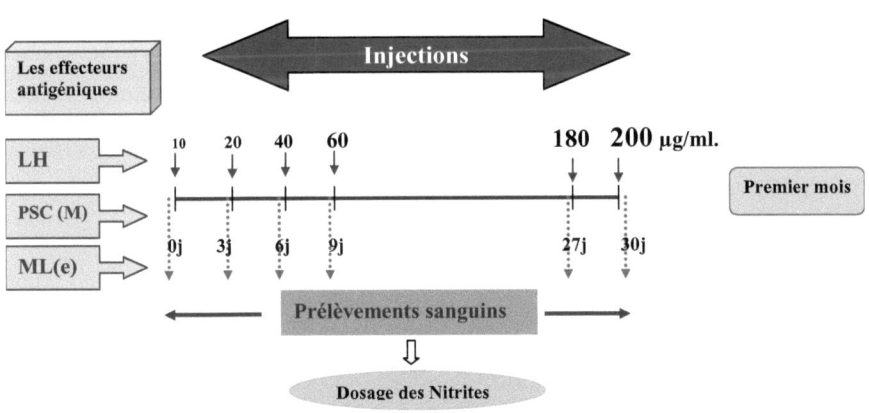

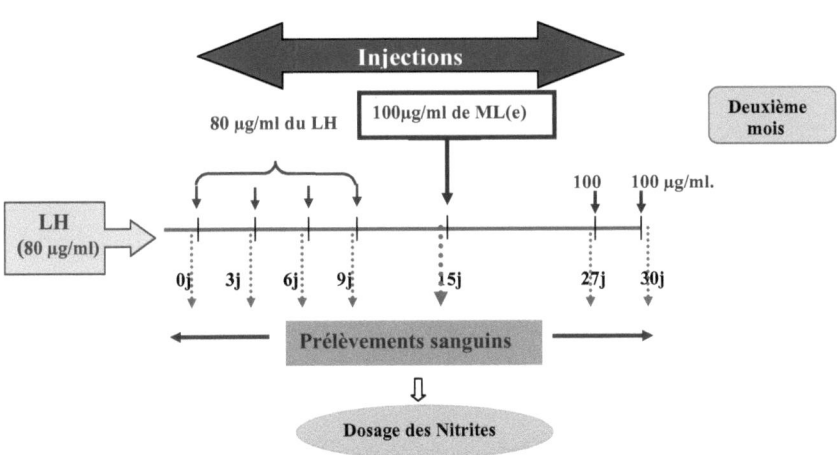

Fig. 15 : **Schéma simplifié relatif aux immunisations effectuées sur les rats (n=12).**

# Chapitre 5 : Matériel et méthodes

## 6- Etude in vitro :

### 6-1- Induction des PBMC et mise en culture :

Les PBMC préparées (pré et postopératoire) sont induites par les deux effecteurs antigénique majeurs du kyste hydatique : la fraction 5 (F5) et la fraction 4 (F4) purifiées du LH, PSC(e), MG(e), ML(e), selon le schéma suivant

# Chapitre 5 : Matériel et méthodes

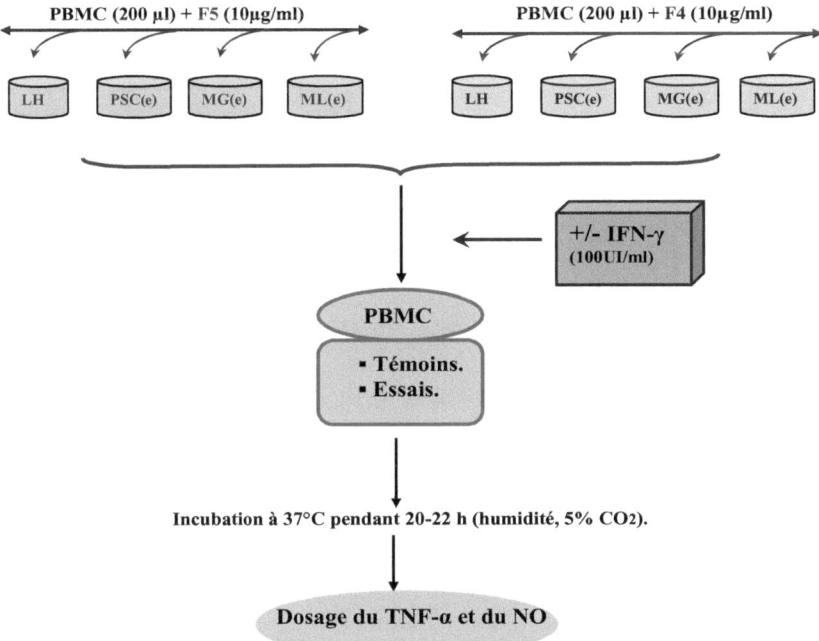

Fig. 16 : Schéma simplifié se rapportant à la série d'inductions des PBMC par les deux effecteurs antigéniques majeurs (F5 et F4) (10µg/ml).

## Chapitre 6 : Résultats

### 1-Préparation des différents échantillons antigéniques et dosage protéique :

Le traitement des quatre échantillons par le broyage et avec le détergent Titon-X100 donne un lysat riche en protéines. Ce dosage effectué selon la méthode de Bradford montre une concentration considérable en protéines avec des concentrations variables [0,54 -0,975 mg/ml] (tableau V).

Nos résultats indiquent que le LH et l'extrait brut de protoscolex (PSC), de la membrane germinative (MG) et de la membrane laminaire (ML) sont constitués de protéines de PM variables.

### 1-1-Caractérisation des protéines du liquide hydatique et de l'extrait brut de protoscolex et des deux membranes germinative et laminaire :

L'analyse électrophorètique des 4 échantillons sur gel de polyacrylamide à 13% dans les conditions dénaturantes, montre une mosaïque protéique. Nos résultats indiquent un profil de migration caractérisé par plusieurs bandes (Fig. 17) dont le PM varie 12 à 116 kDa. De façon intéressante, nous observons que quatre bandes sont communes à tous les échantillons analysés. Ces bandes correspondant respectivement des poids moléculaires de : 12, 67, 87, 116kDa.

### 1-2-Test d'antigénicité des antigènes hydatiques totaux :

L'antigénicité des éléments constitutifs du kyste hydatique a été testée par Immuno - diffusion double. Cette technique de précipitation en milieu gélifié est réalisée contre un sérum fortement positif (1/ 16000) de patient atteint d'hydatidose (Hydatidose confirmé sérologiquement et chirurgicalement). Ce test révèle la présence de plusieurs arcs de précipitations (2 à 3) pour les antigènes solubles, figurés et membranaires (Figure.18).

Ces observations attestent du pouvoir antigénique de toutes ces protéines et suggèrent la présence de plusieurs épitopes pour les éléments du kyste hydatique.

En vue d'une caractérisation biochimique, nous avons soumis ces différents échantillons à une chromatographie d'exclusion moléculaire.

**Tableau V : Les teneurs protéiques des éléments constitutifs du kyste Hydatique hépatique.**

| Les échantillons analysés | La concentration protéique (mg/ml) |
|---|---|
| • Le liquide hydatique hépatique. | **0.55** |
| • L'extrait brut des protoscolex. | **0.975** |
| • L'extrait brut de la membrane germinative. | **0.878** |
| • L'extrait brut de la membrane laminaire. | **0.9** |

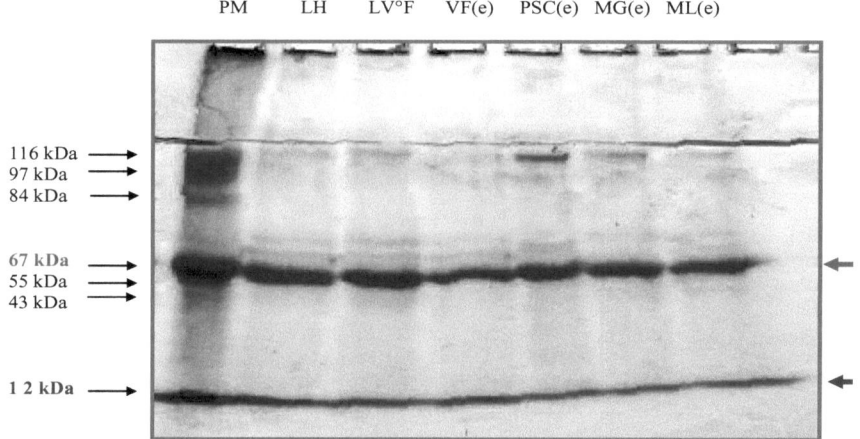

**MP :** Marqueurs de PM en kDa.
**LH :** Liquide hydatique.
**LV°F :** Le liquide d'une vésicule fille.
**VF(e) :** L'extrait d'une vésicule fille.
**PSC(e) :** L'extrait du protoscolex.
**MG(e) :** L'extrait de la membrane germinative.
**ML(e) :** L'extrait de la membrane laminaire

**Fig. 17 : Caractérisation électrophorètique des protéines extraites des éléments constitutifs du kyste hydatique sur gel de polyacrylamide (13%) dans les conditions dénaturantes**

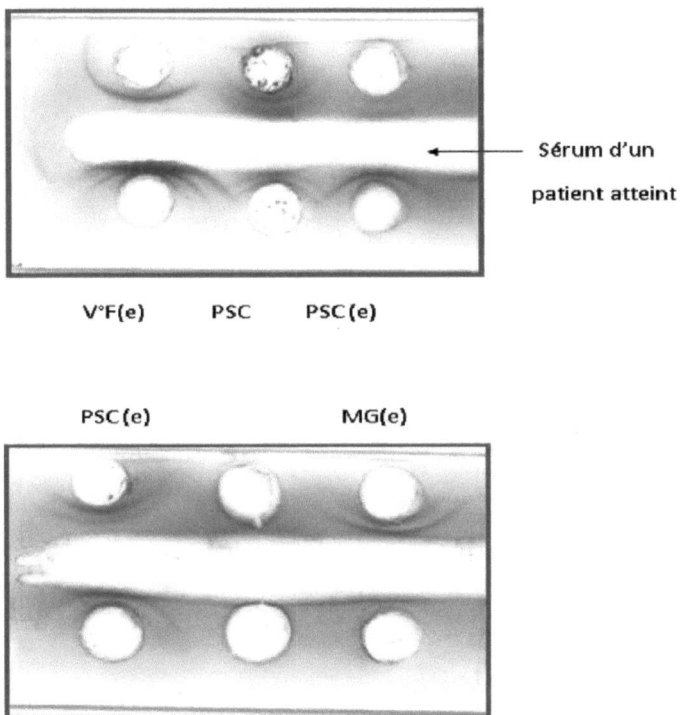

Fig.18 : Test d'antigénicité des extraits totaux des éléments constitutifs du kyste hydatique par la technique d'Immunodiffusion double (IDD).

## 1-3-Filtration moléculaire du liquide hydatique et de l'extrait brut de protoscolex et des deux membranes germinative et laminaire Séphadex G-200 :

La filtration moléculaire du LH et du l'extrait brute du PSC, MG et de la ML sur

Séphadex G-200 montre le même profil chromatographique pour les quatre échantillons analysés (Fig. 19, 20, 21, 22). Ce profil est représenté par quatre pics bien distincts, ainsi l'étalonnage de la colonne par des marqueurs de PM nous a permis de déterminer les PM des fractions éluées (Annexe, Fig 51).

## 1-4--Caractérisation antigénique des différentes fractions éluées :

Le test d'antigénicité des différentes fractions montre une réactivité antigénique pour les fractions représentées par le pic 2 et le pic 4 (Fig.23). Par ailleurs, l'analyse électrophorètique sur gel de polyacrylamide à 13% dans des conditions dénaturantes montre que la première fraction antigénique à un PM de 67 kDa. A l'inverse, la deuxième fraction montre un PM de 12 kDa, il s'agit respectivement de la fraction 5 et de la fraction 4.

Plusieurs travaux portant sur l'Ag 5 (Touil-Boukoffa, 1998) ont abouti à la mise en évidence de sa nature lipoprotéinique. Par ailleurs, sur la base d'une étude analytique biochimique Hamrioui et ses collaborateurs ont montré après traitement à l'orcinol que cette antigène est glycosylée (Hamrioui et al., 1986; Hamrioui et al., 1988 ).

Sa composition en glycolipides a été également mise en évidence par chromatographie sur Con-A Sépharose ( Touil-Boukoffa et al., 1998, Amri et al., 2005).

Les travaux menés sur la fraction 4 montrent que la F4 est une sous unité antigénique de 8 à 12 kDa dérivant d'une lipoprotéine totale de PM 160 kDa. (Maddison et al, 1989, Sheperd et al, 1987. in Rigano et al., 2001. Méziougb, 2002, Ait Aissa, 2002, Rigano et al., 2004 ; Ortona et al., 2005).

Chapitre 6 : Résultats

## 1-5-Contrôle de l'homogénéité des deux fractions antigéniques isolées par SDS- PAGE :

Afin de contrôler l'homogénéité des deux fractions majeurs F5 et F4 répondant à un PM de 67 kDa et 12 kDa respectivement (Fig 25), isolées des éléments constitutifs du kyste hydatique par gel filtration (Ces deux fractions éluées sont représentées par le Pic 2 et le Pic 4). Nous avons entrepris une analyse électrophorètique sur gel de polyacrylamide à 13% en milieu dénaturant  Le profil de migration obtenu montre une bande unique répondant à un poids moléculaire de 67 kDa, après migration des différentes fractions éluées du Pic2. Une autre bande a été révélée après migration des différentes fractions correspondant au Pic 4. Cette bande répond à un PM de 12 kDa.

Nôs résultats sont en accord avec ceux rapportés par d'autres auteurs (, et (Hamrioui et al., 1986 ; Hamrioui et al., 1988 ; Touil-Boukoffa, 1998 ; Touil-Boukoffa et al., 1998 ; Rigano et al., 2004 ; Amri et al., 2005).

**Nous avons noté avec intérêt une localisation ubiquitaire de ces deux effecteurs antigéniques ; la question posée se situerait entre la concordance de l'identité biochimique et l'activité immunologique.**

Chapitre 6 : Résultats

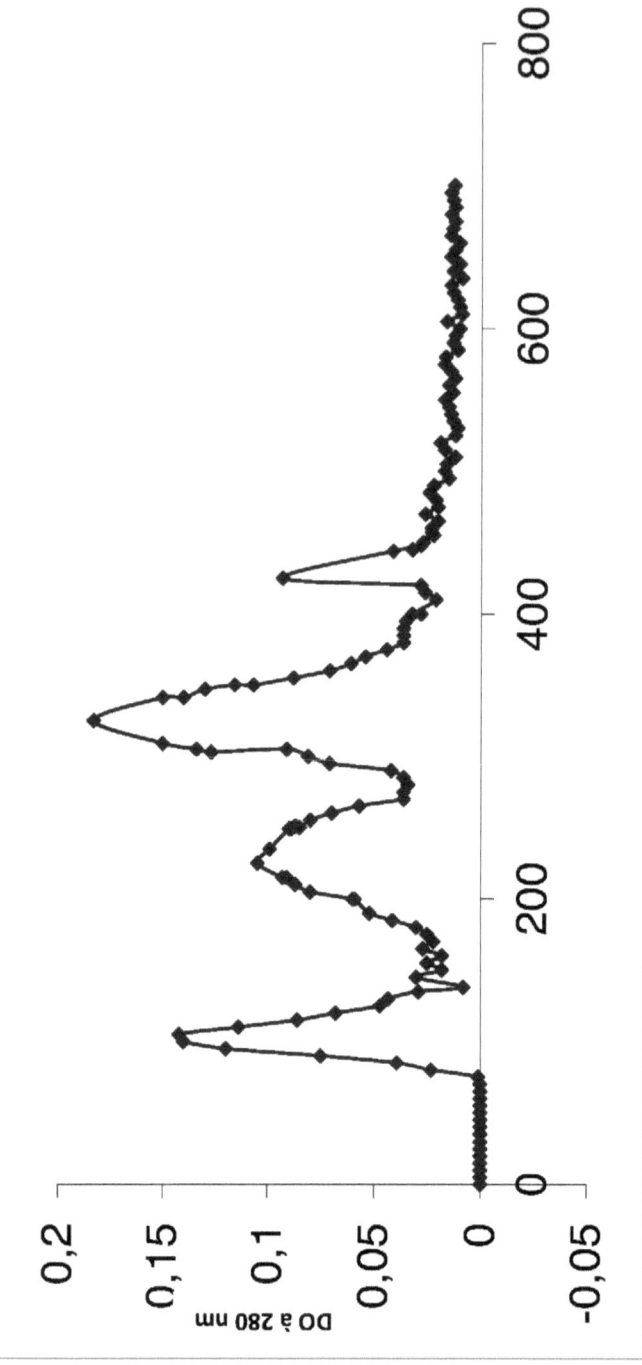

**Fig.19 :ofil chromatographique de l'antigène hydatique hépatique total sur SEPHADEX-G-200.**

(3 ml du liquide hydatique concentré, tampon d'élution : Tris-HCl 0,1M. NaCl 1M, pH8, 3.Débit 10 ml/h.).

# Chapitre 6 : Résultats

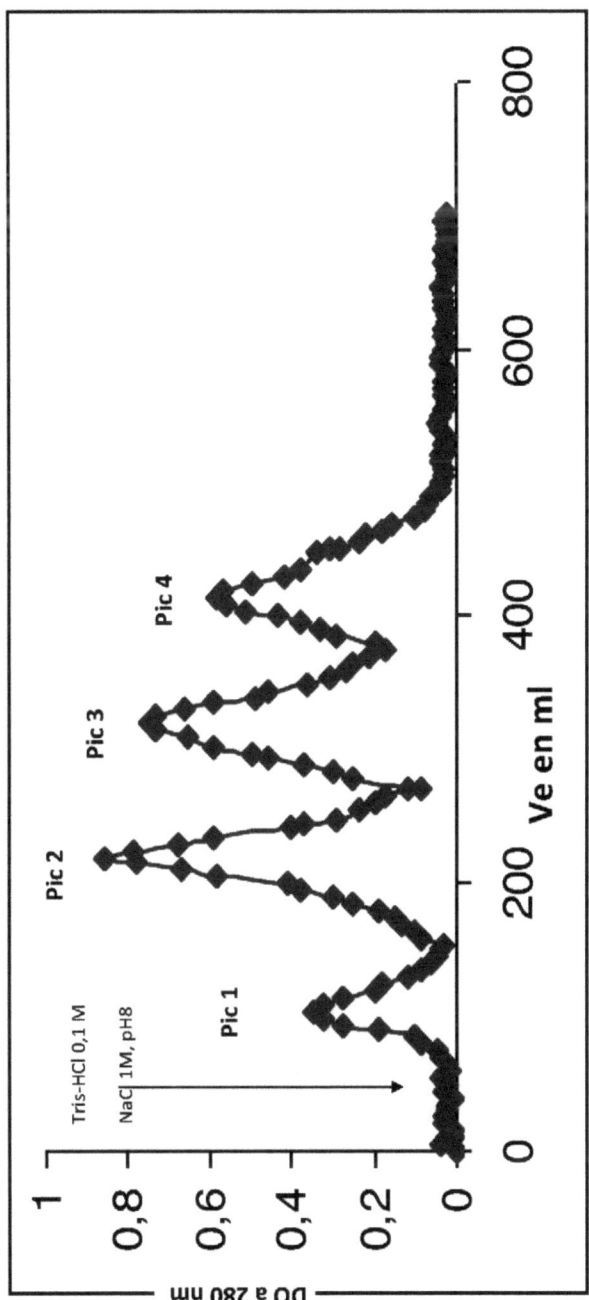

**Fig. 20 : Profil chromatographique des antigènes isolés de PSC sur SEPHADEX-G-200.**

(3 ml de l'extrait des protoscolex concentré, tampon d'élution : Tris-HCl 0,1M. NaCl 1M, pH8, 3.Débit 10 ml/h.).

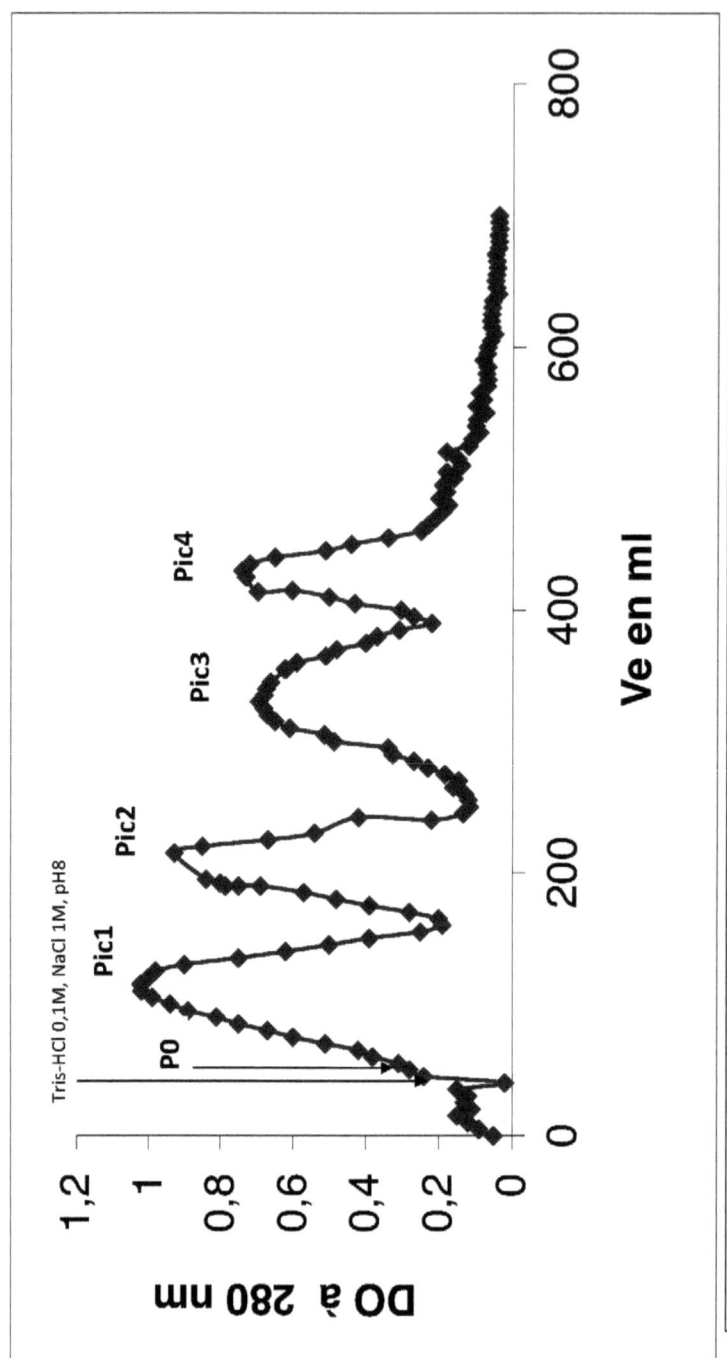

**Fig. 21 : Profil chromatographique des antigènes isolés de la membrane germinative sur SEPHADEX-200.**
(3 ml de l'extrait de la membrane concentré, tampon d'élution : Tris-HCl 0,1M. NaCl 1M, pH8, 3.Débit 10 ml/h. (P0 correspond au Pic d'exclusion).

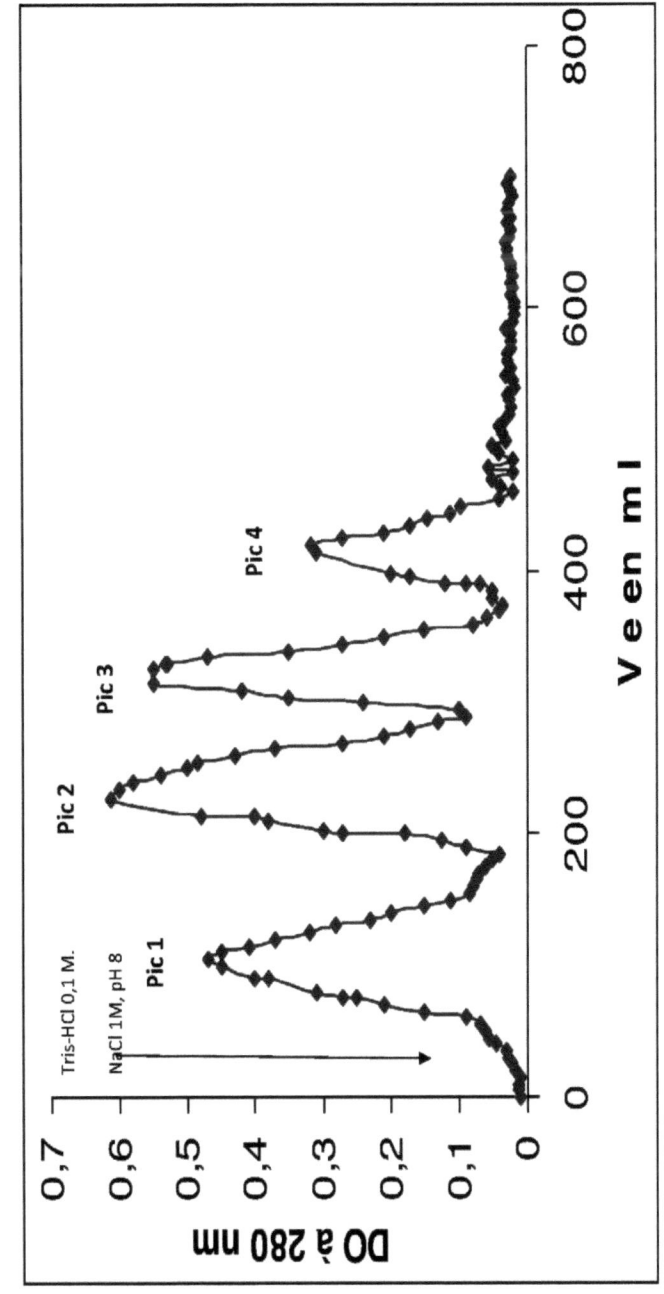

**Fig. 22 : Profil chromatographique des antigènes isolés de la membrane laminaire sur SEPHADEX-G-200.**

(3 ml de l'extrait de la membrane concentré, tampon d'élution : Tris-HCl 0,1M. NaCl 1M, pH8, 3.Débit 10 ml/h.).

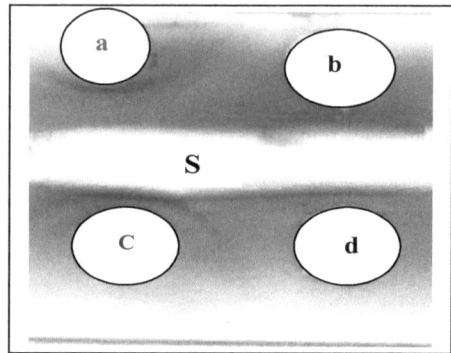

(a) : La fraction correspondant au pic 2.
(b) : La fraction correspondant au pic 1.
(c) : La fraction correspondant au pic 4.
(d) : La fraction correspondant au pic 3.
(s) : Sérum d'un patient atteint d'hydatidose hépatique (Le diagnostic est confirmé par chirurgie).

**Fig.23 : Caractérisation antigénique des différentes fractions purifiées à partir du liquide hydatique du foie par immunodiffusion double**

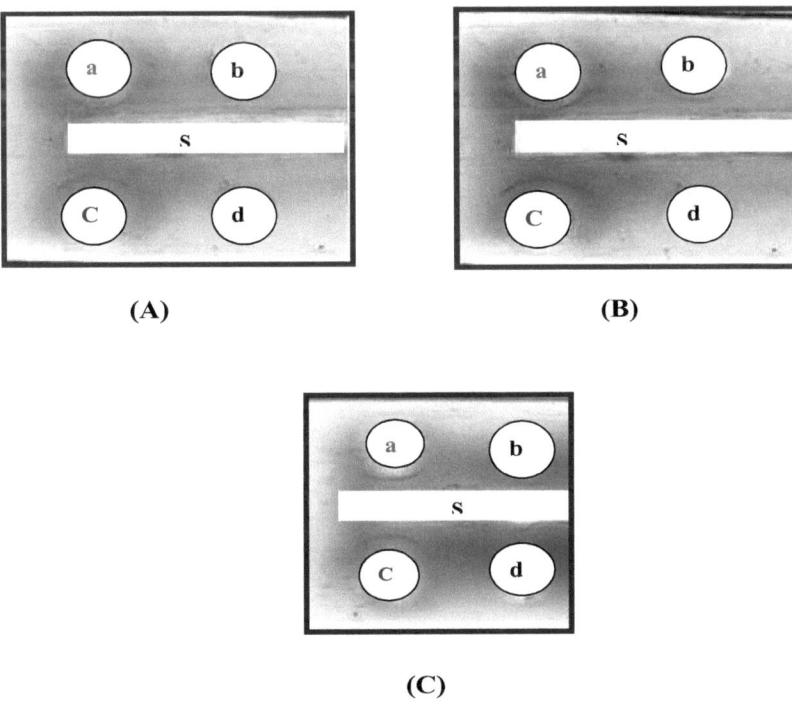

(a) : La fraction correspondant au pic 2.
(b) : La fraction correspondant au pic 1.
(c) La fraction correspondant au pic 4.
(d) : La fraction correspondant au pic 3.
(s) : Sérum d'un patient atteint d'hydatidose hépatique (Le diagnostic est confirmé par chirurgie).

**Fig.24 : Caractérisation antigénique des différentes fractions purifiées à partir du Protoscolex (A), de la membrane germinative (B) et de la membrane laminaire (C) isolés d'un kyste hydatique hépatique par immunodiffusion double (IDD).**

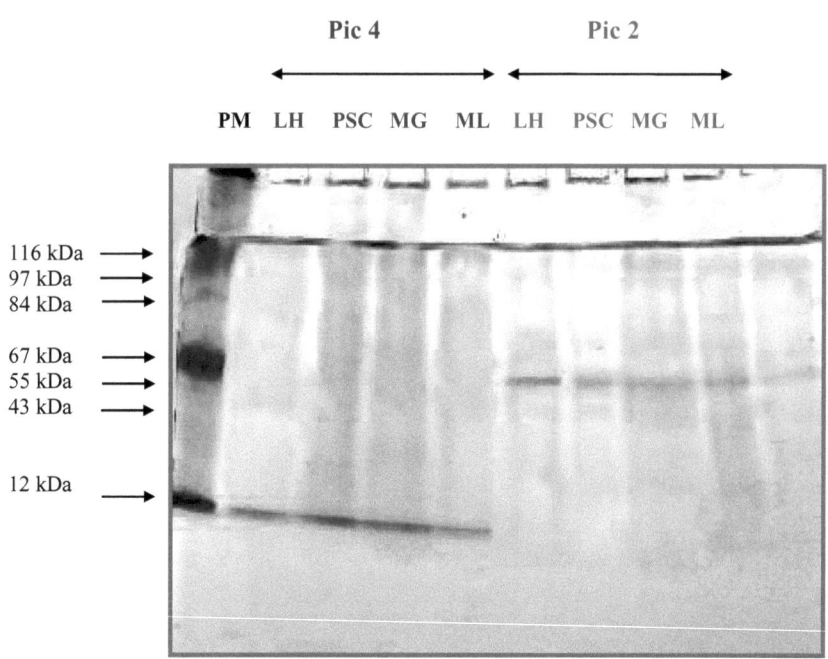

**Fig.25 : Caractérisation électrophorètique des fractions antigéniques obtenues par chromatographie d'exclusion moléculaire sur gel de polyacrylamide dans les conditions dénaturantes.**
(Le Pic2 correspond à la F5 et le Pic 4 correspond à la F4 du LH, PSC, MG et ML).

## 2- Impact de deux fractions (F5 et F4) isolées du kyste sur la production du TNF-α et du monoxyde d'azote.

### 2-1- Impact sur la production du monoxyde d'azote (NO) :

#### 2-1-1- Production du NO *in vivo* :

L'évaluation du NO sérique (sous forme de Nitrite) a montré la présence de ce radical dans les sérums (n=15) des patients atteints d'hydatidose hépatique (Fig.26) (kyste hydatique cliniquement et chirurgicalement confirmé).

Les résultats obtenus révèlent une différence significative entre les taux de NO observés pour les patients porteurs du kyste (211.3+/- 57,2 µM) et de l'ordre de 171 +/- 55.15 µM après exérèse du kyste et ceux des donneurs sains (n=5) (55,4 +/- 8) (Fig. 26).

Ces données soulignent le rôle probable de la charge antigénique et du stade clinique du patient dans la production du NO. La production du NO est également observée dans le liquide hydatique correspondant (n=12), la teneur en nitrites est comprise entre 10-150 µM. Elle est liée à la fertilité du kyste (Fig.26). Ces données suggèrent que le NO est capable de diffuser vers le liquide hydatique en traversant plusieurs structures constitutives de l'hydatide (Ait Aissa et *al*., 2006). En effet, il semble que cette teneur de NO (150µM) est incapable de neutraliser le macro-parasite.

Nos résultats désignent NO comme agent effecteur potentiel du mécanisme de défense de l'hôte vis-à-vis de l'*Echinococcus granulosus*.

Les fortes teneurs de NO mesurées *in vivo* comparées a celles obtenues *in vitro* suggèrent l'existence probable de plusieurs cellules sources de la NOS II et l'implication probable d'une alliance entre plusieurs agents inducteurs antigéniques (F5 et F4) et cytokiniques (IFN-γ) sur l'expression de la NOS II.

Cette haute quantification sérique du NO chez les patients indique la haute participation de ce radical aussi bien, dans les mécanismes immunitaires et que dans les processus inflammatoires.

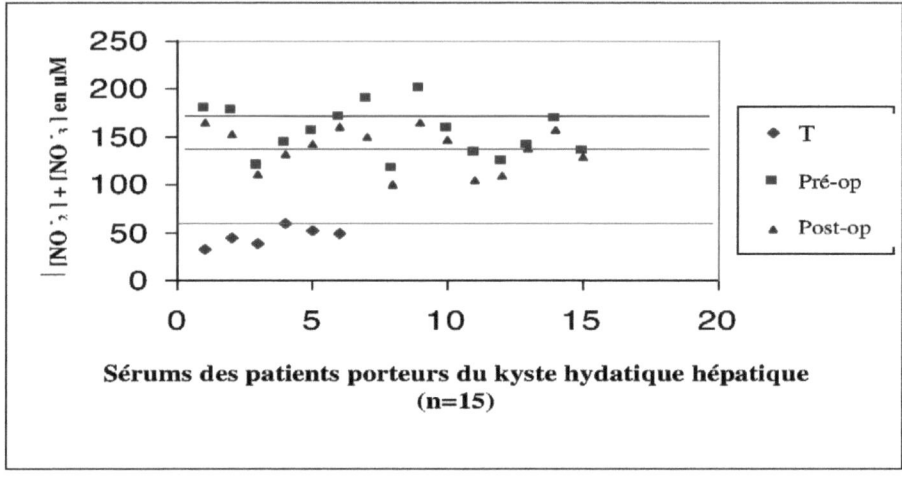

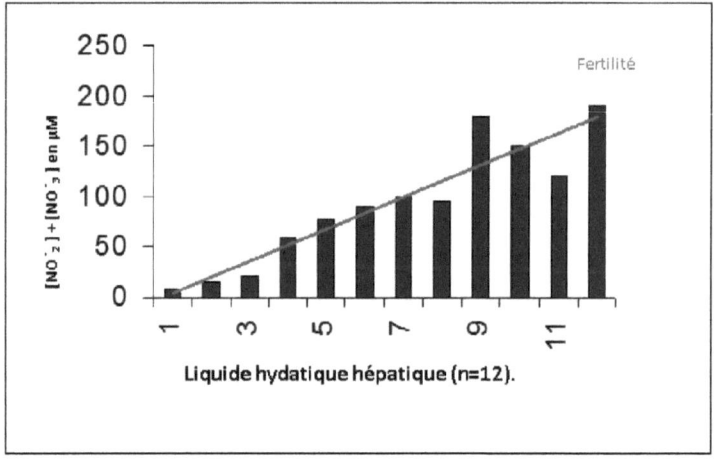

- **Fig. 26 : Teneurs en Nitrites (µM) au niveau des LH et des sérums pré et postopératoire des patients Atteints de l'hydatidose hépatique.**

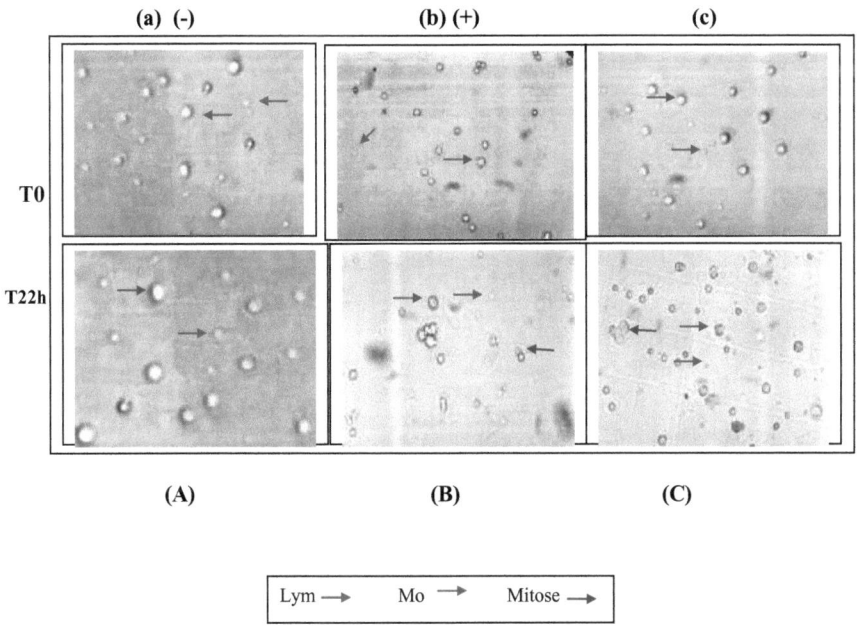

(a) : PBMC du témoin négatif à t=o h.
(b) : PBMC du témoin positif à t=o h.
(c) : PBMC d'un patient atteint d'hydatidose hépatique à t=o h.

(A) : PBMC du témoin négatif après 22 h d'incubation avec la Fraction 5.
(B) : PBMC du témoin positif après 22 h d'incubation avec la fraction 5.
(C) : PBMC d'un patient atteint d'hydatidose hépatique à t=22 h.

**Fig.27 : Aspect morphologique (objectif x 40) des PBMC d'un patient atteint d'hydatidose hépatique, après 22 h d'incubation avec la fraction 5 duliquide hydatique (10 µg/ml).**

Chapitre 6 : Résultats

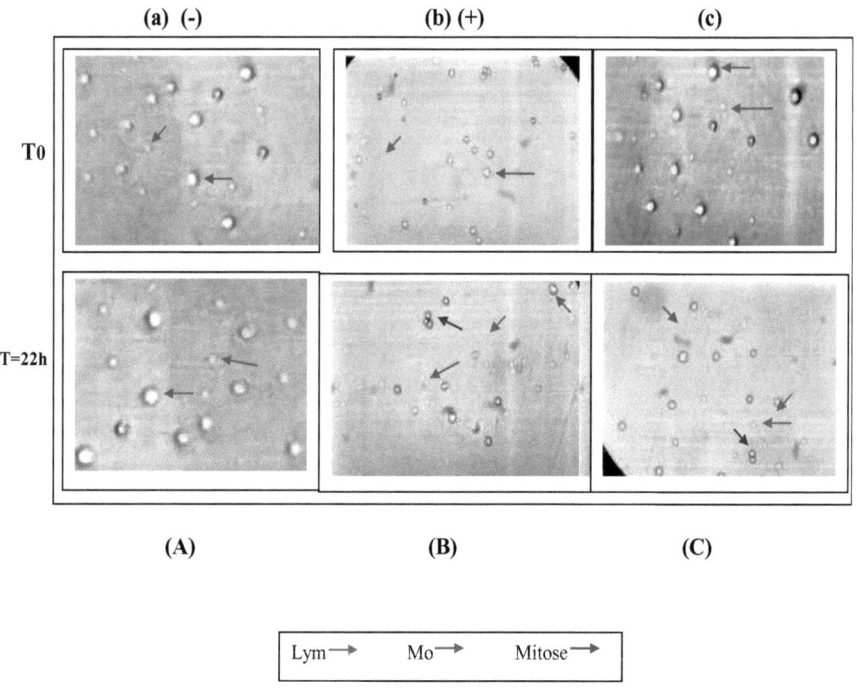

(a) : PBMC du témoin négatif à t=o h.
(b) : PBMC du témoin positif à t=o h.
(c) : PBMC d'un patient atteint d'hydatidose hépatique à t=o h.

(A) : PBMC du témoin négatif après 22 h d'incubation avec la Fraction 4.
(B) : PBMC du témoin positif après 22 h d'incubation avec la fraction 4.
(C) : PBMC d'un patient atteint d'hydatidose hépatique à t=22 h.

**Fig.28 : Aspect morphologique (objectif x 40) des PBMC d'un patient atteint d'hydatidose hépatique, après 22 h d'incubation avec la fraction 4 du liquide hydatique (10 µg/ml)**

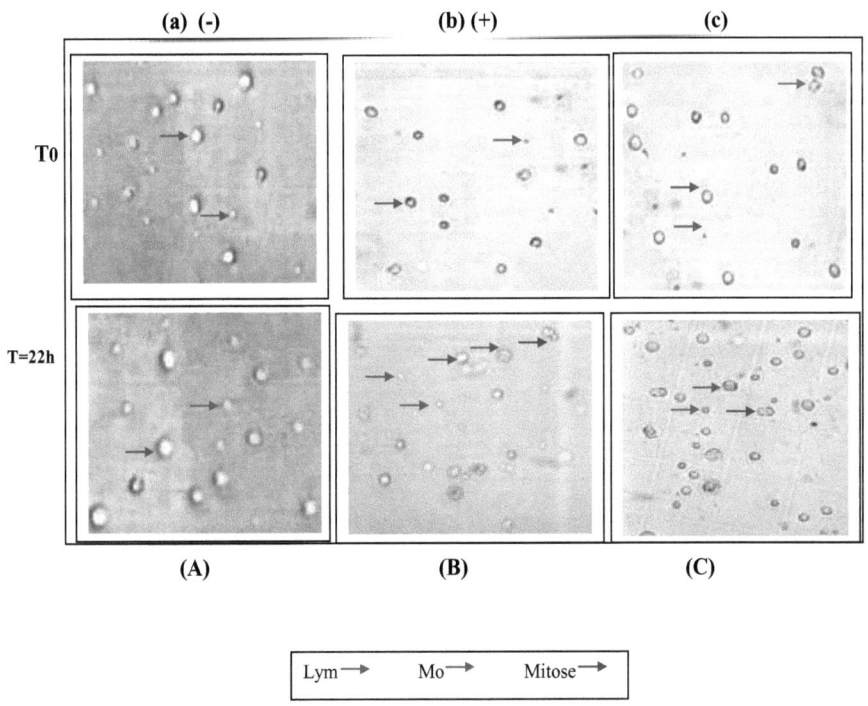

(a) : PBMC du témoin négatif à t=o h.
(b) : PBMC du témoin positif à t=o h.
(c) : PBMC d'un patient atteint d'hydatidose hépatique à t=o h.

(A) : PBMC du témoin négatif après 22 h d'incubation avec la Fraction 5.
(B) : PBMC du témoin positif après 22 h d'incubation avec la fraction 5.
(C) : PBMC d'un patient atteint d'hydatidose hépatique à t=22 h.

**Fig.29 : Aspect morphologique (objectif x 40) des PBMC d'un patient atteint d'hydatidose hépatique, après 22 h d'incubation avec la fraction 5 du Protoscolex (10 µg/ml).**

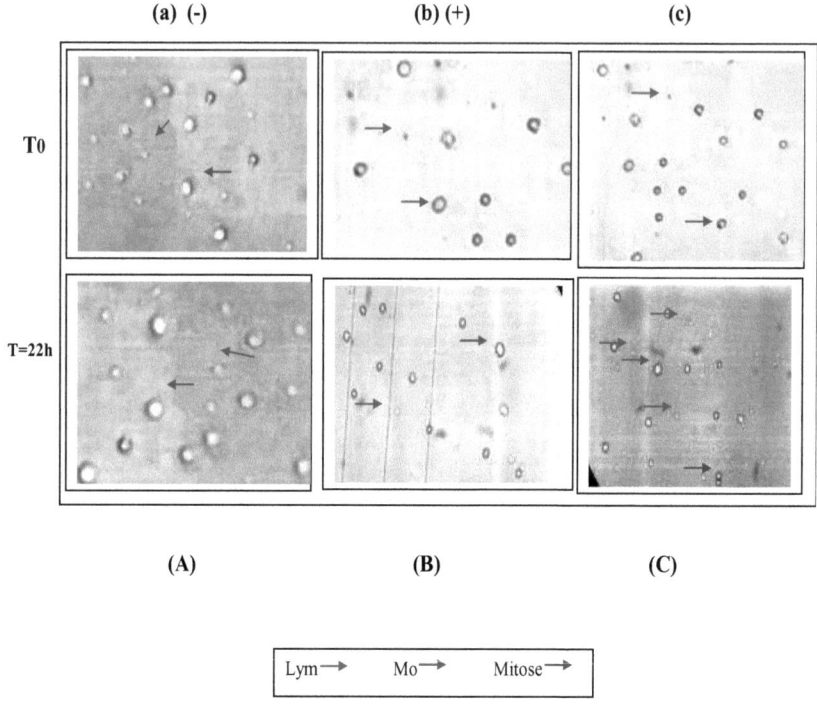

(a) : PBMC du témoin négatif à t=o h.
(b) : PBMC du témoin positif à t=o h.
(c) : PBMC d'un patient atteint d'hydatidose hépatique à t=o h.

(A) : PBMC du témoin négatif après 22 h d'incubation avec la Fraction 4.
(B) : PBMC du témoin positif après 22 h d'incubation avec la fraction 4.
(C) : PBMC d'un patient atteint d'hydatidose hépatique à t=22 h.

Fig.30 : **Aspect morphologique (objectif x 40) des PBMC d'un patient atteint d'hydatidose hépatique, après 22 h d'incubation avec la fraction 4 du Protoscolex (10 µg/ml).**

# Chapitre 6 : Résultats

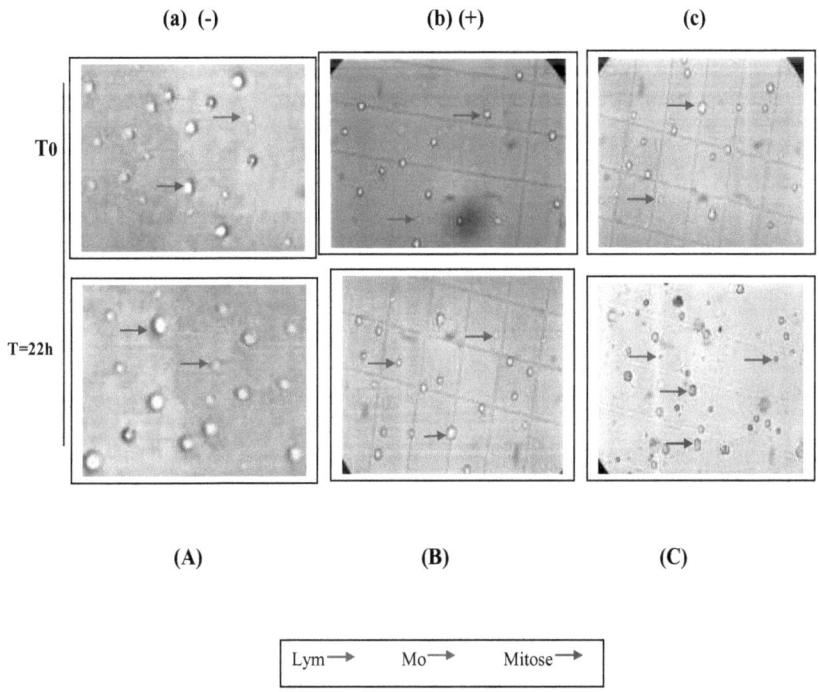

(a) : PBMC du témoin négatif à t=o h.

(b) : PBMC du témoin positif à t=o h.

(c) : PBMC d'un patient atteint d'hydatidose hépatique à t=o h.

(A) : PBMC du témoin négatif après 22 h d'incubation avec la Fraction 5.

(B) : PBMC du témoin positif après 22 h d'incubation avec la fraction 5.

(C) : PBMC d'un patient atteint d'hydatidose hépatique à t=22 h.

Fig.31 : **Aspect morphologique (objectif x 40) des PBMC d'un patient atteint d'hydatidose hépatique, après 22 h d'incubation avec la fraction 5 de la membrane Proligère (10 µg/ml).**

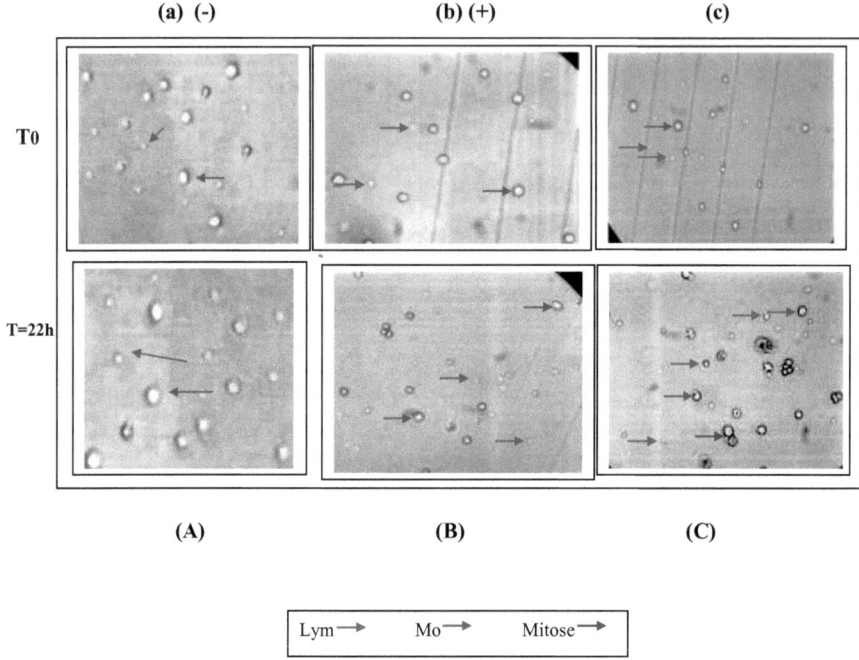

(a) : PBMC du témoin négatif à t=o h.  
(b) : PBMC du témoin positif à t=o h.  
(c) : PBMC d'un patient atteint d'hydatidose hépatique à t=o h.

(A) : PBMC du témoin négatif après 22 h d'incubation avec la Fraction 4.  
(B) : PBMC du témoin positif après 22 h d'incubation avec la fraction 4.  
(C) : PBMC d'un patient atteint d'hydatidose hépatique à t=22 h.

Fig.32 : **Aspect morphologique (objectif x 40) des PBMC d'un patient atteint d'hydatidose hépatique, après 22 h d'incubation avec la fraction 4 de la membrane Proligère (10 µg/ml).**

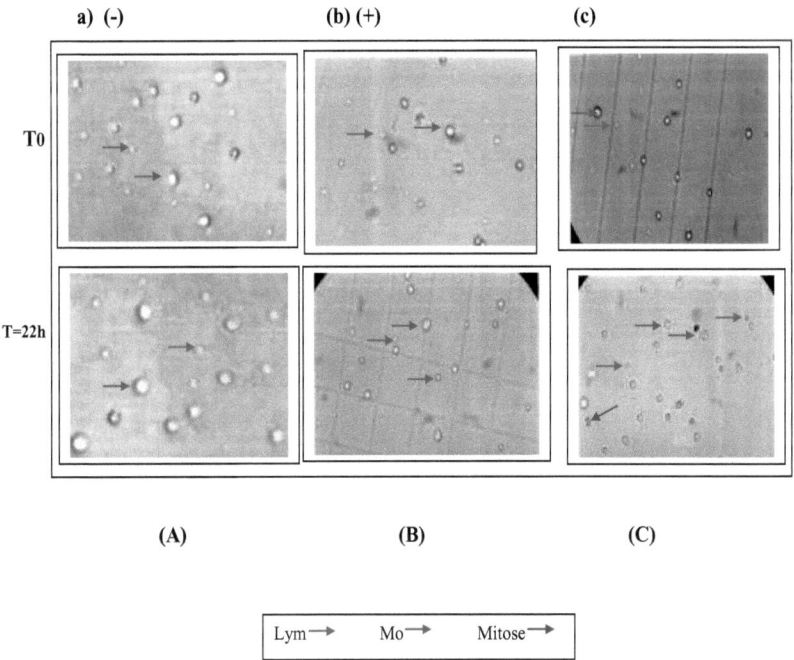

(a) : PBMC du témoin négatif à t=o h.
(b) : PBMC du témoin positif à t=o h.
(c) : PBMC d'un patient atteint d'hydatidose hépatique à t=o h.

(A) : PBMC du témoin négatif après 22 h d'incubation avec la Fraction 5.
(B) : PBMC du témoin positif après 22 h d'incubation avec la fraction 5.
(C) : PBMC d'un patient atteint d'hydatidose hépatique à t=22 h.

Fig.33 : **Aspect morphologique (objectif x 40) des PBMC d'un patient atteint d'hydatidose hépatique, après 22 h d'incubation avec la fraction 5 de la membrane laminaire (10 µg/ml).**

Chapitre 6 : Résultats

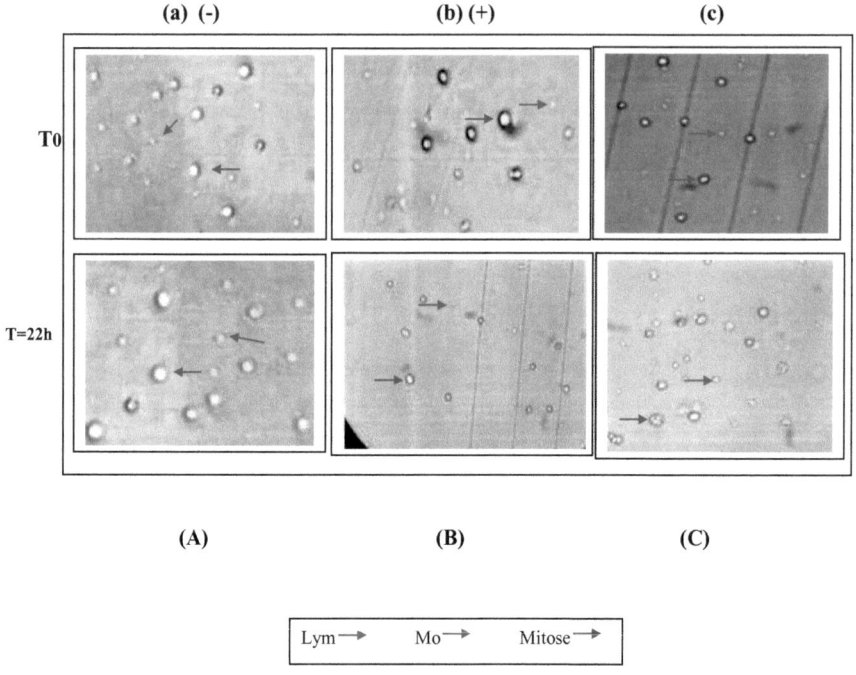

(a) : PBMC du témoin négatif à t=o h.  
(b) : PBMC du témoin positif à t=o h.  
(c) : PBMC d'un patient atteint d'hydatidose hépatique à t=o h.

(A) : PBMC du témoin négatif après 22 h d'incubation avec la Fraction 4.  
(B) : PBMC du témoin positif après 22 h d'incubation avec la fraction 4.  
(C) : PBMC d'un patient atteint d'hydatidose hépatique à t=22 h.

**Fig.34 : Aspect morphologique (objectif x 40) des PBMC d'un patient atteint d'hydatidose hépatique, après 22 h d'incubation avec la fraction 4 de la membrane Laminaire (10 µg/ml).**

Chapitre 6 : Résultats

**TableauVI : Production du TNF-α et [NO⁻₂] + [NO⁻₃] μM sur culture des PBMC induites par la F5 (10μg/ml) issue des éléments constitutifs du kyste hydatique des patients atteints d'hydatidose Hépatique.**

| | | | F5 (10μg/ml) | | | | |
|---|---|---|---|---|---|---|---|
| | | | | | N=4 | | n=2 |
| TNF-α UI/ml [NO⁻₂] + [NO⁻₃] μM | | | LH | PSC | MG | ML | Sérum |
| TNF-α UI/ml | PR | | 69,75+/-14,61837 | 76,125+/-15,34175 | 83,6+/-15,94072 | 82+/-26,82039 | 52,5+/-14,36431 |
| | PS | | 35,925+/-3,43839 | 36,375+/-5,61805 | 36,45+/-1,86458 | 36,825+/-3,99865 | 30+/-11,8603 |
| | T | | 22,85+/-1,62635* | 23,35+/-0,49497* | 23,5+/-1,41421* | 22,6+/-0,84853* | 6+/-1,41421* |
| [NO⁻₂] + [NO⁻₃] μM | PR | | 48,25+/-12.15 | 50.75+/-12.03 | 57.12+/-11.25 | 53+/-10.8 | 211.3+/-57.2 |
| | PS | | 21.75+/-1.78 | 20.4+/-3.7 | 22.725+/-1.46 | 22.55+/-3.05 | 171+/-55.15 |
| | T | | 16.25+/-3.88* | 16+/-3.8* | 16.075+/-3.81* | 16.85+/-6.01* | 55.4+/-8* |

* Témoins.   PR : Stade préopératoire.   PS : Stade postopératoire.

PR : Stade préopératoire.

PS : Stade postopératoire.

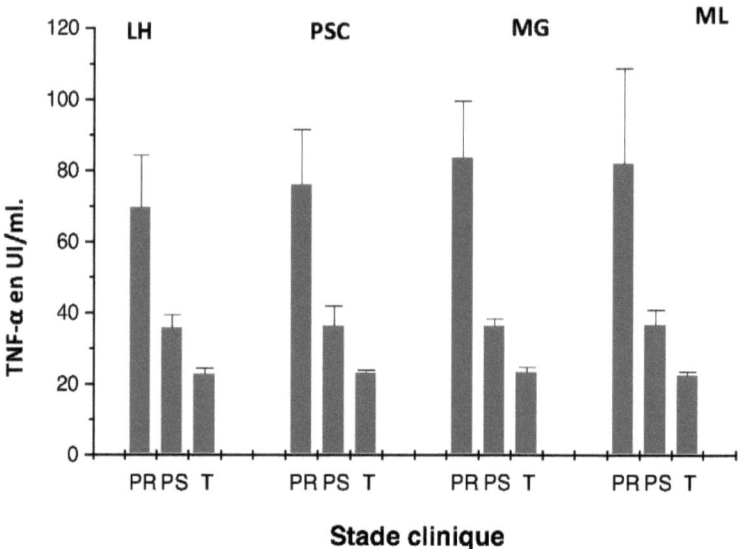

Fig. 35 : Production du TNF-α par des PBMC induites par la F5 (10µg/ml) isolée du LH, PSC, MG, ML.

PR : Stade préopératoire.

PS : Stade postopératoire.

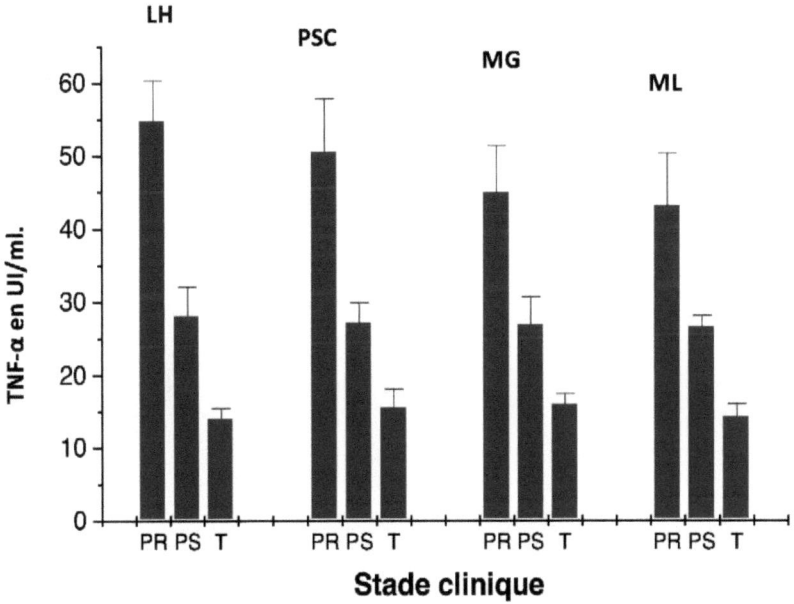

Fig. 36 : Production du TNF-α par des PBMC induites par la F4 (10µg/ml) isolée du LH, PSC, MG, ML.

Chapitre 6 : Résultats

**Tableau VII :** Production du TNF-α et [NO$_2^-$] + [NO$_3^-$] µM sur culture des PBMC induites par la F4 (10µg/ml) issue des éléments constitutifs du kyste hydatique des patients atteints d'hydatidose Hépatique.

| | | F4 (10µg/ml) N=4 | | | | n=2 |
|---|---|---|---|---|---|---|
| | | LH | PSC | MG | ML | Sérum |
| TNF-α UI/ml | PR | 54,75+/- 5,56028 | 50,525+/- 7,33729 | 45+/- 6,41613 | 43,15+/- 7,17101 | 52,5+/- 14,3643 |
| | PS | 28,125 +/- 3,966 | 27,175+/- 2,7183 | 27+/- 3,67423 | 26,625+/- 1,49304 | 30+/- 11,8603 |
| | T | 14 +/- 1,41421* | 15,55+/- 2,47487* | 16+/- 1,41421* | 14,25+/- 1,76777* | 6+/- 1,41421* |
| [NO$_2^-$] + [NO$_3^-$] µM | PR | 35.5+/- 5.7 | 33.25+/- 5.44 | 32.18+/- 5.7 | 30.625+/- 6.1 | 211.3+/- 57.2 |
| | PS | 16.75+/- 2.04 | 16.125+/- 2.45 | 16.31+/- 1.2 | 16+/-2.6 | 171+/- 55.15 |
| | T | 8.75+/- 2 * | 9+/- 0.7 * | 9,87+/- 0.65* | 9+/- 1.42* | 55.4+/- 8* |

\* Témoins.   **PR** : Stade préopératoire.   **PS** : Stade postopératoire.

**Tableau VIII : Teneurs sériques en TNF-α et [NO$_2^-$] + [NO$_3^-$] µM chez les patients atteints d'hydatidose Hépatique.**

|  | TNF-α (UI/ml) | | | [NO$_2^-$] + [NO$_3^-$] µM | | |
|---|---|---|---|---|---|---|
|  | PR | PS | T (n=2) | PR | PS | T |
| **Patients (n=4)** | 52,5+/- 14,36431 | 30+/- 11,8603 | 6+/- 1,41421* | 211,3+/- 57.2 | 171+/- 55.15 | 55.4+/-8* |

\* Témoins.   **PR** : Stade préopératoire.   **PS** : Stade postopératoire.

PR : Stade préopératoire.

PS : Stade postopératoire.

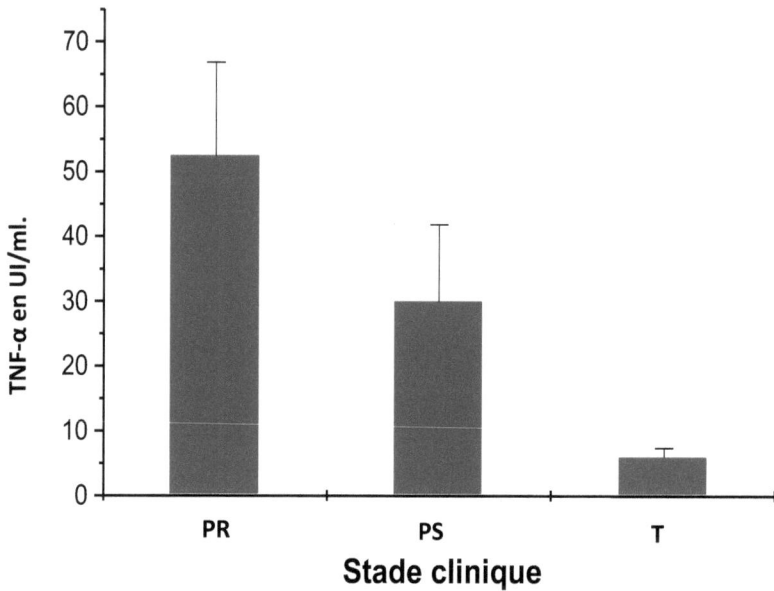

Fig.37 : Taux du TNF-α sérique des patients atteints d'hydatidose Hépatique (n=4).

PR : Stade préopératoire.

PS : Stade postopératoire.

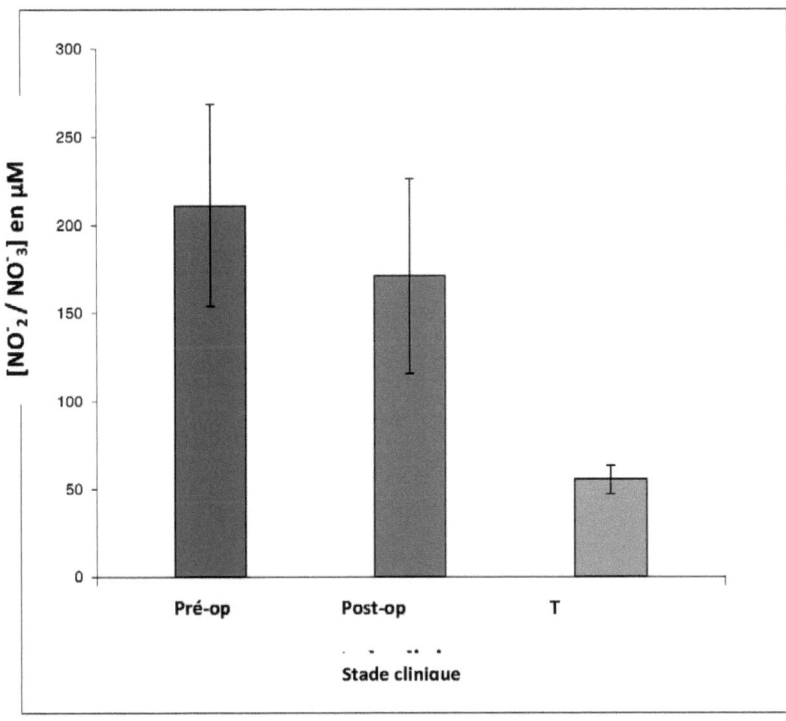

Fig. 38 : **Taux** du NO ($NO^-_2$ / $NO^-_3$) sérique des patients atteints d'hydatidose hépatique dans le stade pré et postopératoire (n=15).

**Tableau IX : Production du [NO$_2^-$] + [NO$_3^-$] µM sur des PBMC induites par la F5 (10µg/ml) en présence et en Absence d'IFN-γ (100UI/ml).**

| | | [NO$_2^-$] + [NO$_3^-$] µM | | | | | | |
|---|---|---|---|---|---|---|---|---|
| | | - IFN-γ (100UI/ml) F5 (10µg/ml) | | | | + IFN-γ (100UI/ml) | | |
| | | LH | PSC | MG | ML | LH | PSC | MG | ML |
| | PR | 47+/-9.73 | 49.6+/-9.6 | 55.1+/-10.84 | 51.27+/-10 | 86.6+/-8.9 | 91.3+/-12.1 | 93.4+/-13.3 | 99.1+/-14.03 |
| Patients | PS | 21.6+/-1.62 | 20.7+/-3.34 | 22.52+/-1.2 | 22.64+/-2.65 | 52.4+/-8.77 | 54.4+/-8.77 | 53.8+/-7.85 | 54.86+/-12.1 |
| N=5 | T | 14.4+/-5.07* | 14.4+/-4.35* | 15.06+/-3.97* | 15.34+/-4.71* | 22+/-3.5* | 24.4+/-3.87* | 23.74+/-4.14* | 24.6+/-4.32* |

\* Témoins.    PR : Stade préopératoire.    PS : Stade postopératoire.

Chapitre 6 : Résultats

PR : Stade préopératoire.

PS : Stade postopératoire.

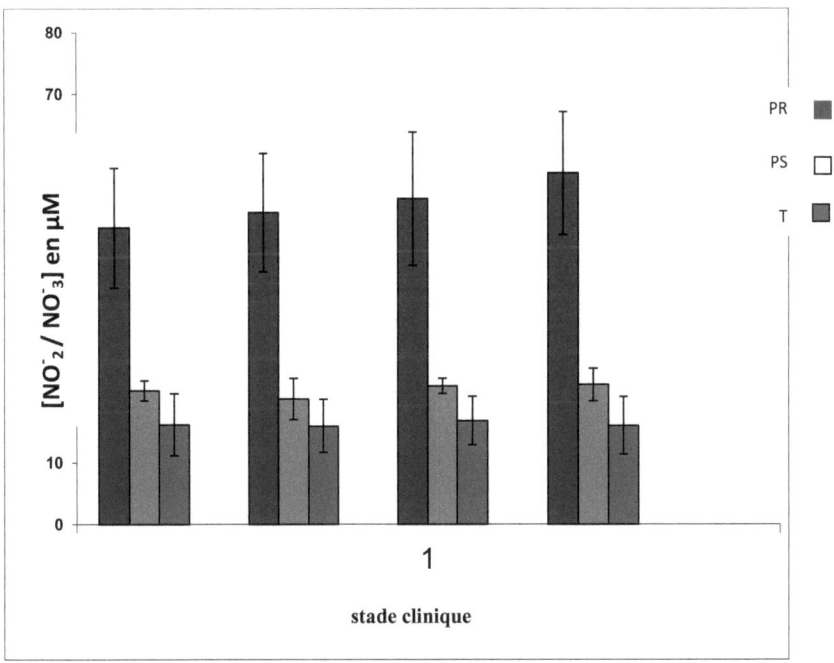

Fig.39: Production des nitrites totaux in vitro sur des PBMC des patients atteins d'hydatidose induites par la F5 (10µg/ml) en absence d'IFN-γ.

PR : Stade préopératoire.

PS : Stade postopératoire.

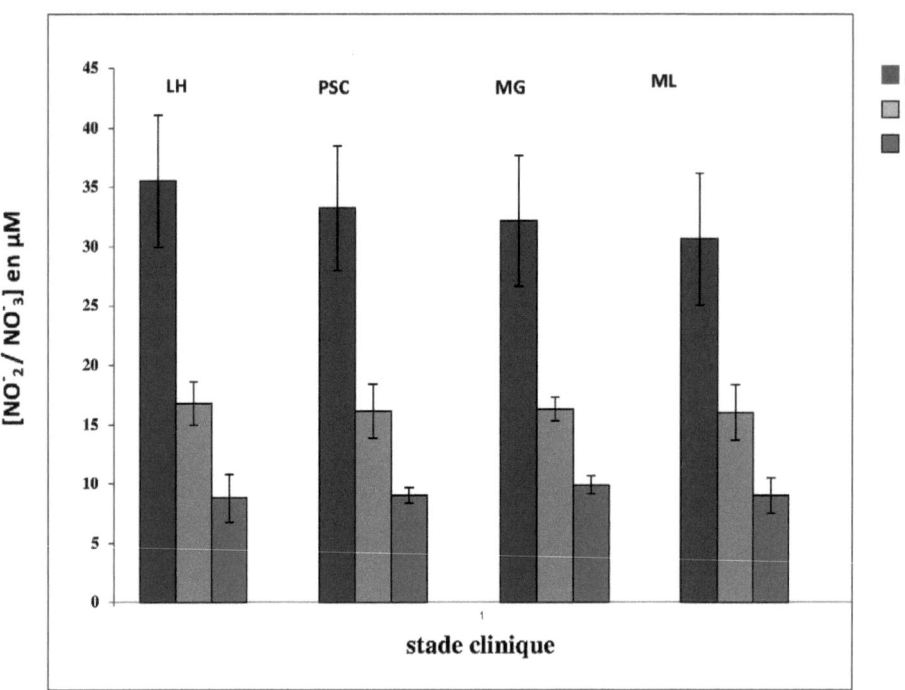

Fig. 40 : Production des nitrites totaux in vitro sur des PBMC des patients atteins d'hydatidose induites par la F4 (10µg/ml) en absence d'IFN-γ.

**Tableau X : Production du $[NO^{-}_{2}] + [NO^{-}_{3}]$ µM sur des PBMC induites par la F4 (10µg/ml) en présence et en Absence d'IFN-γ (100UI/ml).**

| | | $[NO^{-}_{2}] + [NO^{-}_{3}]$ µM — F4 (10µg/ml) | | | | | | | |
|---|---|---|---|---|---|---|---|---|---|
| | | - IFN-γ (100UI/ml) | | | | + IFN-γ (100UI/ml). | | | |
| | | LH | PSC | MG | ML | LH | PSC | MG | ML |
| | PR | 34.4+/- 5,57 | 32.3+/- 5.23 | 31+/- 5,5 | 30.1+/- 5.55 | 52.8+/- 12.25 | 50.4+/- 12.5 | 48.3+/- 12.14 | 47.44+/- 13.05 |
| Patients | PS | 16.8+/- 1.83 | 16+/- 2.25 | 16.33+/- 1.02 | 16+/- 2.32 | 25.7+/- 4.66 | 25+/- 3.46 | 25.7+/- 2.4 | 25.5+/- 1.93 |
| N=5 | T | 8.2+/- 2.03* | 9+/- 0.63* | 9.6+/- 0.8* | 8.6+/- 1.5* | 12.6+/- 5.53* | 12.8+/- 4.15* | 13+/- 4* | 17.8+/- 10.26* |

* Témoins. **PR** : Stade préopératoire. **PS** : Stade postopératoire.

PR : Stade préopératoire.

PS : Stade postopératoire.

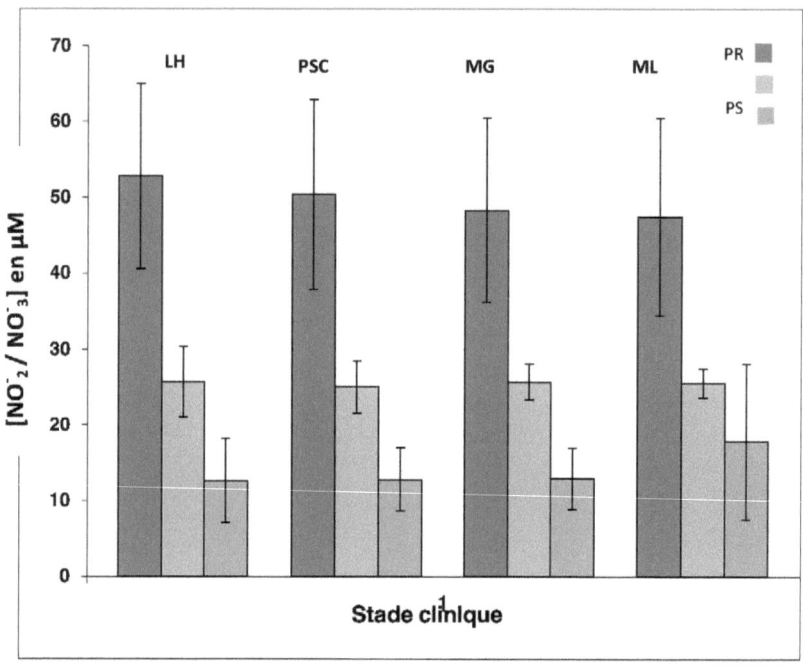

Fig.41 : **Effet** de l'apport exogène de l'IFN-γ (100UI/ml) sur la production de [$NO_2^-$] / [$NO_3^-$] par des PBMC induites par la F4 issu des éléments constitutifs du kyste hydatique, des patients atteints d'hydatidose et des individus non infectés (T).

PR : Stade préopératoire.

PS : Stade postopératoire.

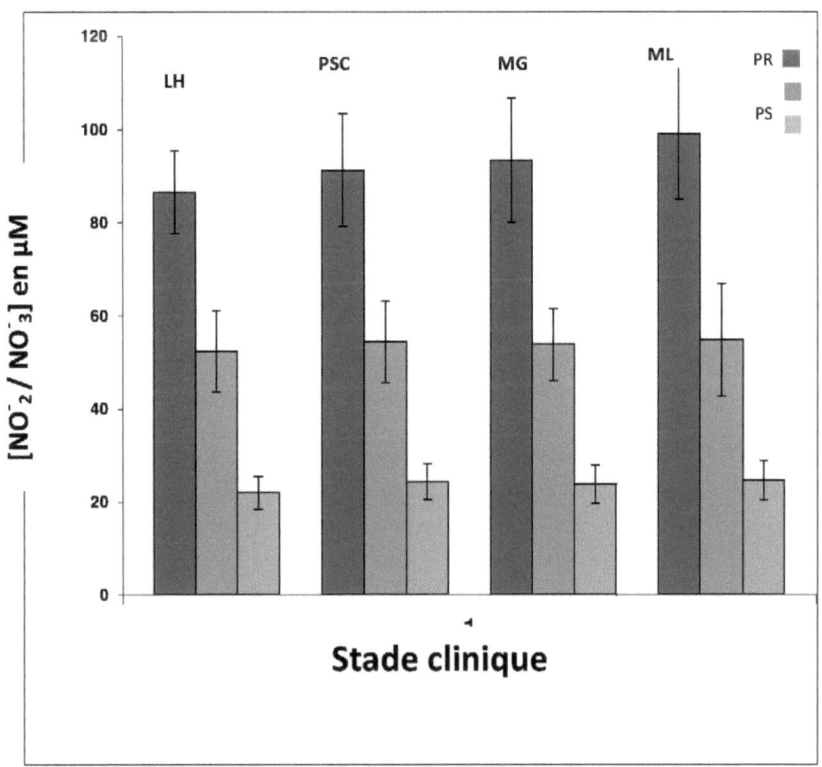

Fig.42 : Effet de l'apport exogène de l'IFN-γ(100UI/ml) sur la production de [$NO_2^-$] / [$NO_3^-$] par des PBMC induites par la F5 issue des éléments constitutifs du kyste hydatique, des patients atteints d'hydatidose et

## 2-1-2- Production du NO par des PBMC de patients induite par la F5 et la F4 issues des éléments constitutifs du kyste hydatique :

### 2-1-2-1-Induction des PBMC aux stades pré et postopératoire par la F5 (10µg/ml).

#### 2-1-2-1-1- Production du NO sur cultures des PBMC induites par la F5 du liquide hydatique :

Le dosage du NO selon la méthode de Griess modifiée montre une production importante du NO *in vitro*, dans des surnageants des PBMC de patients atteints d'hydatidose hépatique pour une concentration de $10^6$ cellules /ml.

Après 22 heures d'incubation avec la fraction antigénique soluble du liquide hydatique, la fraction 5 (F5, glycolipoprotéine de 67 kDa) à raison de 10µg/ml, la production du NO peut atteindre [48 +/- 12,25 µM] au stade préopératoire (Pré-op), une réduction à 50% est observée au stade postopératoire (Post-op). Elle peut atteindre des concentrations à [21,75 +/- 1,78 µM]. Nous notons avec intérêt des teneurs élevées par rapport aux témoins [16,25 +/- 3,88 µM] (Tableau VI, Fig.39).

#### 2-1-2-1-2- Production du NO par des PBMC induite par la F5 du protoscolex :

L'évaluation du NO [$NO_2^-$ + $NO_3^-$] dans des surnageants des PBMC ($10^6$ cellules /ml) par la fraction 5 (F5) isolée du Protoscolex (PSC) représentant l'antigène figuré (10µg/ml) montre une production importante et dépendant du stade clinique. Elle peut atteindre un niveau de [50,75 +/- 12,9 µM] au stade préopératoire et de [20,4 +/- 3,7 µM] au stade postopératoire. Les "contrôles» indiquent des concentrations plus faibles [16 +/- 3,8 µM] (Tableau VI, Fig. 39).

### 2-1-2-1-3- Production du NO sur culture des PBMC induite par la F5 membranaire isolée de la membrane germinative et de la membrane laminaire :

L'action de la fraction 5 membranaire issue de la membrane germinative (MG) et laminaire (ML) sur la production du NO *in vitro* est également évaluée en incubant des PBMC des patients atteints d'hydatidose hépatique ($10^6$ cellules /ml) en présence de la F5 à raison de 10µg/ml, isolée de la MG et de la ML séparément.

Après 22 heures d'incubation, une production en Nitrites totaux sur des surnageants des PBMC est notée. Cette production montre une relation étroite avec le stade clinique.

L'incubation avec la F5 de la MG a permis une induction de NO de [57 +/- 12,25 µM] au stade préopératoire et de [22,75 +/- 1,46 µM] au stade postopératoire. Les contrôles indiquent des teneurs de [16,07 +/- 3,81 µM] (Tableau VI, Fig. 39).

La même observation est rapportée après induction avec la F5 de la ML dont le taux du NO est de [53 +/- 10,8 µM] au stade préopératoire et de [22,55 +/- 3,05] au stade postopératoire. Les contrôles indiquent les teneurs suivantes : [16,85 +/- 6,01 µM] (Tableau VI, Fig.39).

### 2-1-2-2-Induction des PBMC aux stades pré et postopératoire par la F4(10µg/ml).

### 2-1-2-2-1- Production du NO sur culture des PBMC induites par la F4 du liquide hydatique :

Une production de NO *in vitro* est également observée après induction des PBMC ($10^6$ cellules /ml) par la fraction 4 (F4) à raison de 10 µg/ml.

Le taux observé dépend du stade clinique. En effet, au stade préopératoire le taux du NO au niveau des surnageants peut atteindre une teneur de [35,5 +/- 5,7 μM] et une teneur de [16,75 +/- 2,04 μM] au stade postopératoire (Tableau VII, Fig. 40).

La production du NO par les cellules témoins est très faible par rapport au taux produit par les malades [8,75 +/- 2 μM] (Tableau VII, Fig.40).

### 2-1-2-2-2- Production du NO sur culture des PBMC induites par la F4 du protoscolex :

L'étude de la production *in vitro* du NO en utilisant le système monocytaire stimulé par l'Ag figuré isolé de PSC (la fraction 4, 10μg/ml) montre une production dépendante du stade clinique avec un taux de [33,25 +/- 5,44 μM] au stade préopératoire et de [16,125 +/- 2,45 μM] au stade préopératoire, les "contrôles" montrent des taux faibles [9 +/- 0,7 μM] (Tableau VII, Fig.40).

### 2-1-2-2-3- Production du NO sur culture des PBMC induites par la F4 membranaire isolée de la membrane Germinative et de la membrane Laminaire :

La fraction 4 caractérisée et purifiée de la membrane germinative (MG) et de la membrane laminaire (ML) possède la capacité d'induire la NOS II *in vitro* sur un système monocytaire. L'induction de NO par la F4 est également en relation avec le stade clinique (Tableau VII,Fig 40). Les mêmes observations sont notées après induction par la F4 de la MG et la F4 de la ML.

Ces observations relatives aux deux systèmes d'inductions utilisées montre probablement l'instauration d'une mémoire immunitaire au cours de l'évolution de la pathologie.

### 2-1-2-2-3-1-Production du NO *in vitro* en présence d'IFN-γ (100 UI/ml) :

L'étude menée sur l'effet de l'apport exogène de l' IFN-γ (100 UI/ml) sur la production du NO montre que la production de ce dernier *in vitro* sous l'action la F5 et la F4 isolées des éléments constitutifs du kyste hydatique (LH, PSC,

MG et ML) est potentialisée par cette cytokine. En effet nous notons après addition de l' IFN-γ une augmentation de 50 %. (Tableau IX et X, Fig 41 et 42).

**Ces résultats suggèrent que le système Monocyte/ Macrophage participe d'une manière non négligeable dans la production de NO *in vivo* et *in vitro* au cours de l'hydatidose hépatique. Cette production est optimisée après action de l'IFN- γ. En effet cette cytokine est connue pour son pouvoir d'induction de la NOS inductible (NOS II) au cours de l'hydatidose hépatique (Drapier, 1997).**

### 2-2- Impact sur la production du TNF-α, cytokine marqueur du système monocyte/macrophage :

### 2-2-1- Production du TNF-α *in vivo* :

Le TNF-α est une cytokine marqueur de la voie Th1, induite essentiellement par le système monocyte/macrophage et secondairement par les lymphocytes T. De nombreux travaux portant sur les parasitoses à multiplication intracellulaire telle que la leishmaniose et au cours des macroparasitoses telle que l'hydatidose ont montré une production accrue de cette cytokine (Touil-Boukoffa, 1998).

Nous avons à ce propos, dosé le TNF-α dans les sérums (n=4) des patients atteints d'hydatidose hépatique en considérant les stades cliniques pré et postopératoire.Nous avons noté avec intérêt que la teneur sérique en TNF-α au stade préopératoire est importante (52,5 +/- 14,36 UI/ml) comparée au stade postopératoire (30 +/- 11.4 UI/ml) et à celle des "contrôles" (6 +/- 1.44 UI/ml) (Fig. 37, Tableau VIII). Nos résultats concordent avec ceux de Touil-Boukoffa rapportés en 1998. Ces données désignent l'implication non négligeable du TNF-α dans les processus immuno- inflammatoires liés à la chronicité de cette infestation (Touil-Boukoffa et *al.*,1997 ; Mc-Manus et Thompson, 2003).

Il est également important de souligner l'action de cette cytokine dans l'exacerbation physiopathologique et en particulier dans les phases de récidives

(Touil-Boukoffa et *al.*, 1997 ; Touil-Boukoffa et *al.*, 2000a,b ; Mc-Manus et Thompson, 2003 ; Zhang et *al.*, 2003).

### 2-2-2- Production du TNF-α sur culture des PBMC induites par la F5 et la F4 issues des éléments constitutifs du kyste hydatique :

L'étude menée sur l'impact des deux effecteurs antigéniques majeurs, la F5 et la F4 a montré une production de TNF-α en réponse aux deux effecteurs. Toutefois, la F5 constitue un meilleur agent inducteur du TNF-α.

### 2-2-2-1- Induction des PBMC aux stades pré et postopératoire par la F5 (10µg/ml).

### 2-2-2-1-1- Production du TNF-α sur culture des PBMC induites par la F5 du liquide hydatique :

Le dosage immunoenzymatique du TNF-α dans les surnageants des PBMC des patients atteints d'Hydatidose hépatique et de système « contrôles » montre que la production de cytokines (TNF-α) est liée au stade clinique, ces résultats concordent avec ceux obtenus *in vivo*.

En effet, après 22 heures d'incubation des PBMC ($10^6$ cellules /ml) en présence de la F5 soluble purifiée à partir du liquide hydatique à raison de 10 µg/ml, un taux important en TNF-α est noté comparé aux « contrôles » [22,85 +/- 1,62 UI/ml]. Au stade préopératoire, il atteint [69,75 +/- 14,61 UI/ml]. Au stade postopératoire, il est de [35,925 +/- 3,43 UI/ml] (Tableau VI, Fig 35)

### 2-2-2-1-2-Production du TNF-α sur culture des PBMC induites par la F5 du protoscolex :

L'évaluation du taux du TNF-α *in vitro* dans les surnageants des PBMC ($10^6$ cellules /ml) induite par la F5 isolée de l'Ag figuré PSC avec une concentration de 10 µg/ml montre une teneur significative au stade préopératoire [76, 125 +/- 15,34 UI/ml] (Tableau VI, Fig 35). Une réduction de 50 % est enregistrée pour le stade postopératoire. En effet, elle atteint a ce stade une teneur de [36,375 +/- 5,61 UI/ml]. (Tableau VI, Fig 35).

### 2-2-2-1-3- Production du TNF-α par des PBMC induite par la F5 membranaire isolée de la membrane Germinative et de la membrane Laminaire :

La stimulation des PBMC ($10^6$ cellules /m) issues des malades et des sujets non infectés par la fraction membranaire 5 (F5, 10 µg/ml] isolée de la MG et de la ML donne une production plus importante que celle observée après action de la F5 soluble et figurée. Cependant un taux de [83,6 +/- 15,94 UI/ml] est observée au stade préopératoire après incubation des PBMC en présence de la F5 de la MG et un taux de [82 +/- 26,82 UI/ml] après incubation avec la F5 de la ML (Tableau VI, Fig 35).

Le dosage immunoenzymatique du TNF-α des surnageants au stade postopératoire, une réduction de 60%. En effet, le taux mesuré est de [36,45 +/- 1,86 UI/ml] après induction avec la F5 de la MG, et de [36,825 +/- 3,99 UI/ml] après stimulation avec la F5 de la ML (Tableau VI, Fig 35).

L'induction des PBMC des sujets non infectés donne une production de [22,6 +/-1,41 UI/ml] après action de la F5 de la MG, et de [22,6 +/- 0,844 UI/ml] après action de la F5 de la ML (Tableau VI, Fig 35).

### 2-2-2-2-Induction des PBMC aux stades pré et postopératoire par la F4(10µg/ml).

### 2-2-2-2-1- Production du TNF-α sur culture des PBMC induites par la F4 du liquide hydatique :

Une production importante en TNF-α est observée sur les surnageants des PBMC issues des patients atteints d'hydatidose hépatique, stimulés par la F4 soluble du liquide hydatique.

Le dosage immunoenzymatique de cette cytokine donne une valeur de [54,75 +/- 5,56 UI/ml] à la phase préopératoire et de [28,125 +/- 3,96 UI/ml] au stade postopératoire. Le taux produit par les PBMC " contrôles " montre une teneur en TNF-$\alpha$ notée est de [14 +/- 1,41 UI/ml] (Tableau VII, Fig 36).

### 2-2-2-2-2- Production du TNF-$\alpha$ sur culture des PBMC induites par la F4 du protoscolex :

L'incubation des PBMC en présence de la F4 purifiée du PSC (10 µg/ml) indique encore une fois, une production en TNF-$\alpha$ avec une dépendance du stade clinique. En effet le taux observé au stade préopératoire atteint [50,525 +/- 7,33 UI/ml] et un taux de [27,175 +/- 2,71 UI/ml] au stade postopératoire, les "contrôles" montre une teneur en TNF-$\alpha$ de [15,55 +/- 2,47 UI/ml] (Tableau VII, Fig 36).

### 2-2-2-2-3- Production du TNF-$\alpha$ sur culture des PBMC induites par la F4 membranaire isolée de la membrane Germinative et de la membrane Laminaire :

Après 22 heures d'incubation des PBMC en présence de la fraction purifiée et caractérisée à partir de la MG et de la ML, la production en TNF-$\alpha$ s'avère toujours dépendante du stade clinique.

Une teneur de [45+/-6,4 UI/ml] est notée au stade préopératoire après induction avec la F4 de la MG, et de [43,15 +/-7 ,17UI/ml] après induction avec la F4 de la ML. A l'inverse, une concentration réduite est observée au stade postopératoire ( [27 +/- 6,67 UI/ml] après stimulation avec la F4 de la MG et de [26,625+/-1,49 UI/ml] après activation avec la F4 de la ML). Une concentration de [16+/-1,41 UI/ml] est mesurée après incubation des PBMC contrôles en présence de la F4 de la MG et de [14,25 +/- 1,76 UI/ml] en présence de la F4 de la ML (Tableau VII, Fig 36).

Ces résultats suggèrent une concordance entre la production *in vivo* et *in vitro* sous l'action des effecteurs antigéniques F5 et F4.

La charge antigénique semble être liée à la capacité d'induction de cette cytokine.

Selon notre étude, les deux fractions antigéniques F5 et F4 sont capables d'induire le TNF-α. Il semble tout de même que la F5 soit un meilleur agent inducteur de cette cytokine.

Une corrélation positive entre la production du monoxyde d'azote et du TNF-α *in vivo* et *in vitro* est observée au cours de cette parasitose, ce qui suggère que le système Monocyte/Macrophage représente une source considérable de ces deux biomolécules.

Sachant le système Monocyte/Macrophage, source essentielle et commune aux deux biomolécules testées, nous pouvons postuler le rôle clé de ce système dans le parcours de réponse immunitaire depuis la présentation des deux antigènes jusqu'à la modulation immunitaire.

Ces données seraient confirmées par une étude moléculaire plus approfondie et faisant appel à des techniques d'immunomarquage (Cytométrie de Flux) pour les interactions TCR-antigène, Antigène-CPA et l'étude des transcrits .mRNA TNF-α – mRNA NOSynthases dans nos deux systèmes établis.

### 3- Mise en évidence de l'expression de la NOSII murine chez des rats *Wistar* :

Afin de mieux comprendre les mécanismes immunitaires mis en jeu in *vivo* lors de l'hydatidose, une infestation par des protoscolex vivants a été mise en place en utilisant un modèle expérimental le rats de souche *Wistar*. Pour ce faire, les trois antigènes hydatiques issus du kyste hydatique humain ont été utilisés : le liquide hydatique (LH), le Protoscolex mort (PSC (m)), l'extrait brut de la membrane laminaire (ML (e)).

Notre étude a porté sur un premier temps, sur le dosage du taux des Nitrites *in vivo*, chez des rats *Wistar* sains utilisés comme témoins (n=4).

L'évaluation du taux des Nitrites sur une durée d'un mois montre une teneur variable sur un intervalle de [6,5+/-3,87 - 15,625+/-1,49 µM] (Fig. 43).

L'inflammation engendrée par l'acte du prélèvement participerait sans doute à la production du NO (Steers et *al.*, 2001).

### 3-1-Production du NO *in vivo* après stimulation par le liquide hydatique[0-200µg/ml] :

Dans le cadre de cette étude, des injections intra péritonéales du liquide hydatique (LH) stérile sur une gamme de [0-200 µg/ml], ont été réalisées.

Une production remarquable en NO sous forme de Nitrites et Nitrates est enregistrée *in vivo* sur un échantillonnage de 33 sérums prélevés sur une durée d'un mois (n=3) (Fig 44). En effet une production dose dépendante est observée avec un taux variable sur un intervalle de [21,125+/-0,85 - 53,5+/- 1,29 µM] comparée aux "contrôles", dont la teneur en Nitrites sériques est de 20 µM en moyenne (Fig 44).

Au-delà d'une concentration de [80-100µg/ml], la production du NO a tendance à se stabiliser à une valeur seuil de [46,575+/-5,11- 53,5+/- 1,29 µM]. Ces données suggèrent que la production du NO *in vivo* chez le rat dépend d'une concentration antigénique limitée à [80-100 µg/ml] engendrant le maximum de production.

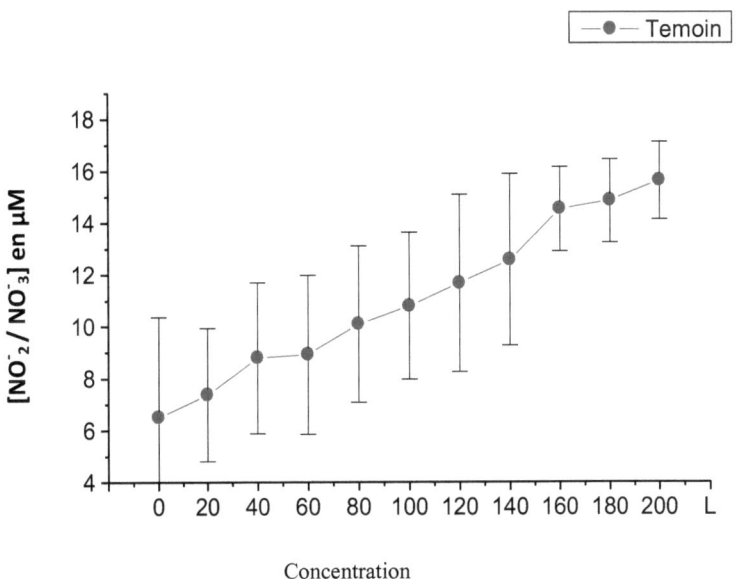

Fig. 43 : **Teneurs en Nitrites totaux ($NO_2^-/NO_3^-$) en µM au niveau des sérums des rats** *(Wistar)* **sains (T).**

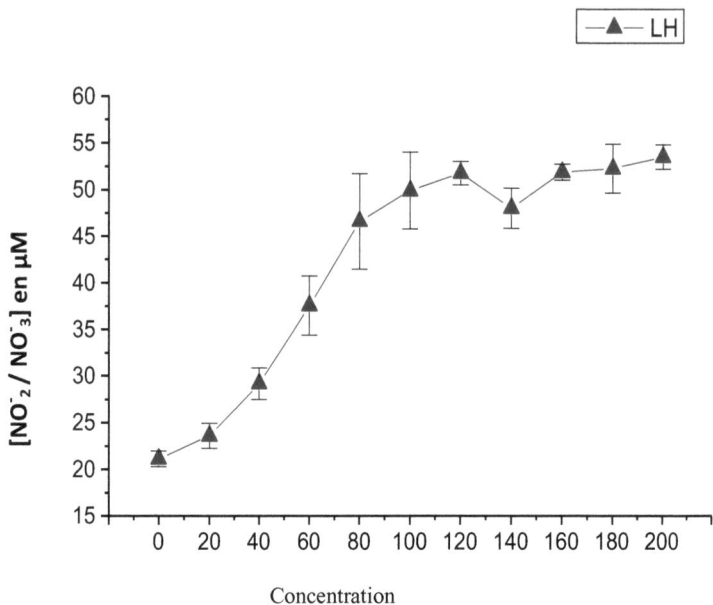

**Fig.44 :** **Teneurs en Nitrites totaux en µM au niveau des sérums des rats** *(Wistar)* **après stimulation par le liquide hydatique.**

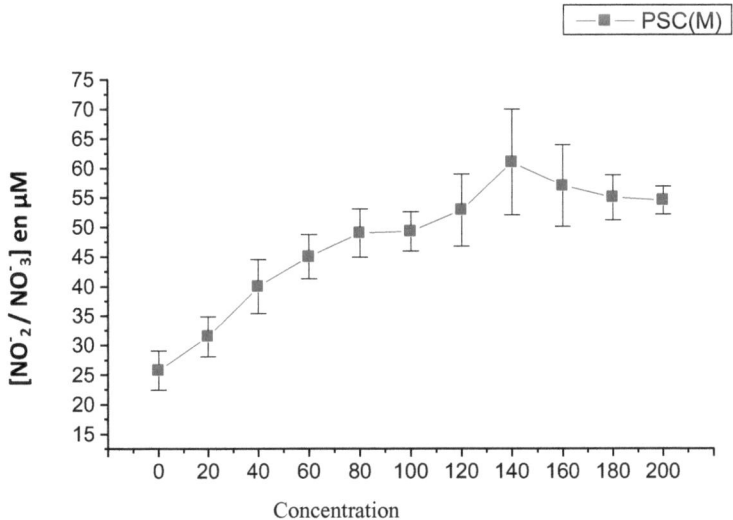

**Fig. 45 : Teneurs en Nitrites totaux en µM au niveau des sérums des rats** *(Wistar)* **après stimulation par des Protoscolex morts (PSC (M)).**

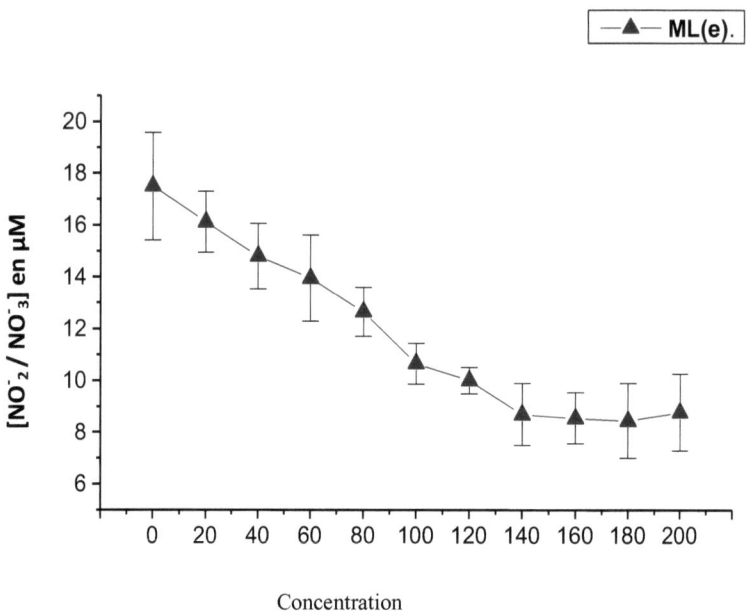

**Fig. 46 : Teneurs en Nitrites totaux en µM au niveau des sérums des rats** *(Wistar)* **après stimulation par l'extrait de la membrane laminaire.**

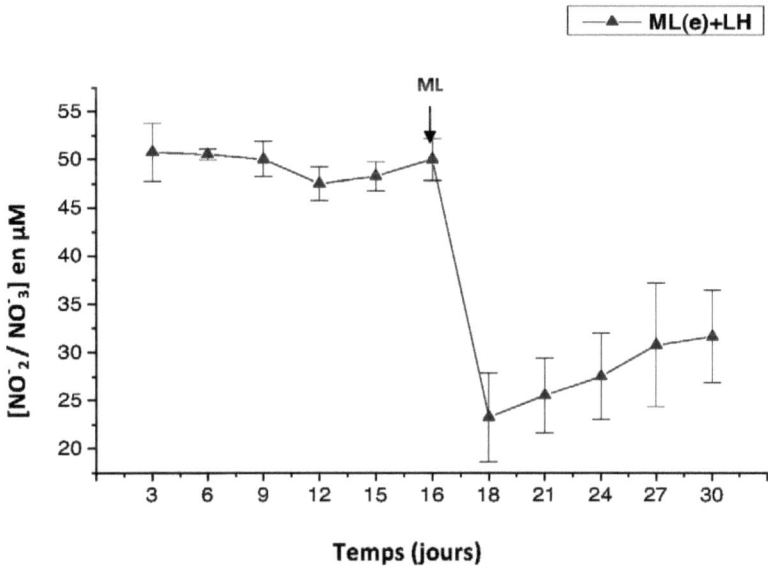

**Fig. 47** : **Effet de l'extrait de la membrane laminaire (100µg/ml) sur la production des Nitrites après immunisation avec du LH(80µg/ml).**

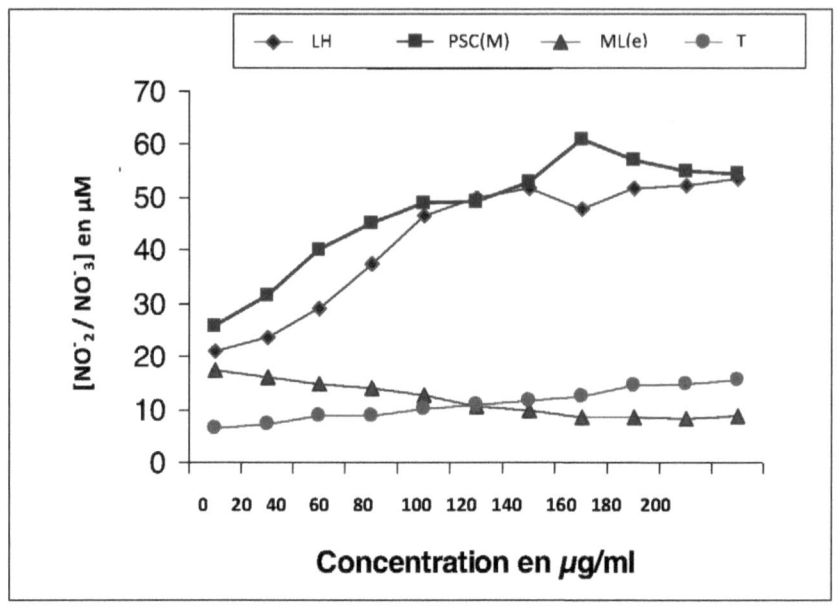

**Fig. 48 :** **Teneurs en** Nitrites totaux **($NO^-_2$/ $NO^-_3$) en µM au niveau des** sérums **des** rats *(Wistar)* **après** stimulation **par des antigènes issus du kyste hydatique (**LH, PSC (M), ML(e)**)).**

Chapitre 6 : Résultats

### 3-2- Production du NO *in vivo* après stimulation par Protoscolex morts [0-200µg/ml] :

La source antigénique employée dans le cadre de cette étude porte sur l'utilisation des Protoscolex (PSC) récupérés d'un kyste hydatique fertile non fissuré d'un patient atteint
d'hydatidose hépatique. L'évaluation de la concentration et un test de viabilité à l'éosine 0,1 % ont été réalisés.
L'injection des PSC morts à raison de [0-200 µg de PSC/ml] au niveau de la cavité intrapéritonéale des rats *Wistar* (n=3) a montré une production intéressante en Nitrites totaux
*in vivo*. La teneur sérique en NO varie sur un intervalle de moyenne de [31,5+/-3,41-54,5+/-2,38 µM]. Les " contrôles " (n=3) indiquent une moyenne de 25,75+/-3,30µM.

Au-delà du $21^{ème}$ jour, une réduction de 8-10 % est observée. Nous avons associé cette réduction à la capacité des rats à neutraliser l'agent pathogène. Il aurait été souhaitable de pousser l'infestation pendant plusieurs mois (Fig 45).

Les travaux de Fotiadis et *al*, en 1999 sur une echinococcose expérimentale en utilisant un modèle murin avec les PSC vivants comme agent inducteur de cette pathologie, ont montré une installation kystique au bout de 6 mois au niveau de la cavité intrapéritonéale avec un diamètre de 6 mm.

Par ailleurs, l'injection des PSC vivants sur une durée de 6 mois au niveau de la cavité intrapéritonéales (Dai et *al.*, 2003), montre qu'au cours des trois premiers mois une expression des cytokines de Th1 (IFN-γ, IL-12). Ce taux est réduit au bout de six mois après infection chronique. Une augmentation concordante des cytokines Th1 et Th2 est observée dans le même système, au cours des infestations chroniques (Haralabis et *al.*, 1995; Dai et *al.*, 2003 ; Rigano et *al.*, 2004 ; Ortona et *al.*, 2005).

**Nos résultats montrent que les effecteurs antigéniques utilisés sont capables d'induire le**
**Monoxyde d'azote chez l'homme et chez le rat.**


### 3-3- Production du NO *in vivo* après stimulation par l'extrait brut de la membrane Laminaire [0-200µg/ml] :

La quantification du NO sous forme de Nitrites et Nitrates au niveau sérique des rats *Wistar* (n=3) stimulés par l'extrait brut de la membrane laminaire (ML(e)) avec des injections intrapéritonéales à raison de [0-200µg/ml] sur une période d'un mois, montre une réduction dose dépendante de la production de ce métabolite. En effet, le taux en Nitrites au niveau sérique des rats "contrôles" montre une moyenne de 17,5+/-2,08167µM. Ainsi le maximum de réduction est noté au $21^{ème}$- $24^{ème}$ jours à une dose de [140-160µg/ml] en (ML(e)) (Fig 46).

**Nos résultats suggèrent que la membrane Laminaire régule négativement la production du NO *in vivo* chez le rat** dont le maximum de réduction est observé à une concentration de [100-140 µg/ml]. Il serait souhaitable d'identifier la ou les molécules d'activité inhibitrice.

### 3-4- Effet de la membrane Laminaire [100µg/ml] sur la production du NO *in vivo* au niveau des rats stimulés par le LH [80 µg/ml] :

Sur une durée de 15 jours, la stimulation des rats Wistar (n=3) par le LH (80 µg/ml] donne le maximum de production en Nitrites totaux *in vivo*, qui atteint une moyenne de [50,75 +/-2,98- 50+/-2,16025 µM].

L'injection intraperitonéale de l'extrait brut de la ML (100 µg/ml] au $15^{ème}$ jour donne une réduction importante du taux du NO sérique après la 24 heure ($16^{ème}$ jour) (Fig 47)

En effet, le taux en Nitrites *in vivo,* atteignant une valeur minimale, montre une teneur de 23,25+/-4,64 µM. La faible augmentation en Nitrites est observée après le $18^{ème}$ jour. Cette teneur augmente sur un intervalle de [23,25+/-4,64- 31,625+/-4,78496 µM] (Fig 47).

A la lumière de ces résultats, nous avons noté avec intérêt la haute capacité du liquide hydatique et des Protoscolex à l'induction de la NOS II chez le rat. Cette induction est traduite par une augmentation dose-dépendante de la production du NO sous forme de Nitrites et Nitrates in *vivo*.

L'identification de l'enzyme par immunohistochimie et immunoblotting confirmerait nos observations.

De plus, l'action inhibitrice du NO observée relative à la membrane laminaire explique probablement l'acquisition dans certaines conditions de la résistance et de la persistance de la parasitose. Ces données demandent à être exploitées.

Nos résultats concordent avec les travaux menés par Steers et *al.* en 2001 qui ont porté sur l'effet de la concentration croissante de l'extrait brute de la ML sur la production du NO *in vitro* par les macrophages du système murin.

Par ailleurs les travaux de Kanazawa et al en 1993 ont montré que les PSC peuvent être détruit par les réactifs d'oxygène *in vitro* sur des macrophages en présence d'IFN-γ (Kanazawa et *al.*, 1993 in Steers et *al.*, 2001). Ces données confirment notre hypothèse.

**Le rôle régulateur de la membrane laminaire sur l'activité NOSII a probablement des conséquences sur la diffusion des Nitrites vers le liquide hydatique.**

**Cette hypothèse est en faveur de la persistance de la parasitose et la clé de l'explication du mécanisme d'échappement du parasite.**

## Discussion générale

### 1-Isolement des antigènes solubles et figurés :

Notre étude rapporte des données en pour la première fois des localisations des effecteurs antigéniques impliqués dans la production du TNF- α et l'induction de la NOSII. La localisation à la fois, à différents niveaux parasitaires souligne l'importance de ces facteurs et la complexité du mécanisme d'induction de la NOSII.

La fraction 5 soluble, figurée et membranaire active le système Mo/Mac *in vivo* et *in vitro* (Fig. 27, 29, 31,33). Cette activation explique la forte teneur en TNF-α et de NO *in vivo* et *in vitro* (Tableau VI et VIII). Par ailleurs la fraction 4 favorise la lymphoprolifération *in vitro* (Fig. 28, 30, 32, 34). Ces résultats nécessitent une confirmation par l'utilisation de méthodes d'immunomarquage révélant des antigènes de surfaces caractéristiques de chaque population cellulaire impliquée. Une réduction du taux en TNF-α et de NO est également notée (Tableau, VII).

### 2- Production du TNF-α *in vivo et in vitro* :

La recherche des cytokines de la voie Th1 et en particulier les cytokines dérivants du système Mo/Mac : le TNF-α au niveau sérique chez les patients atteints d'hydatidose a montré une production importante de cette cytokines *in vivo et in vitro* cependant liée aux stades cliniques des patients. Par ailleurs une production de l'IFN-γ et de IL-2 à été également montée (Touil-Boukoffa, 1998).Une induction accrue de l'IL-12 a été également rapportée par notre équipe (Amri et *al.*, 2005). Cette production dépend des stades cliniques.

Ces données suggèrent que les cytokines de la voie Th1 exercent à la fois des effets négatifs sur le parasite et bénéfiques pour l'hôte. En effet, elle participe à la destruction du parasite en impliquant le système Mo/Mac qui produit le NO et ces dérivés exerçant des effets toxiques sur le parasite qui aboutis à son élimination (Amri et *al.*, 2005).

Parallèlement une expression *in vivo* et *in vitro* des cytokines de la voie Th2, dont l'IL-10, IL-4, IL-6, IL-5 et IL-13 a été observée. (Haralabis et *al.*, 1995 ; Touil-Boukoffa, 1998 ; Mezioug, 2002 ; Zhang et *al.*, 2003 ; Ait Aissa et *al.*, 2006).

La présence des voies Th1/Th2 souligne un équilibre immunitaire engendrant une longue coexistence du parasite et de l'hôte. Nous signalons tout de même l'action antagoniste entre les deux groupes de cytokines (Th1/Th2).

Selon les travaux de notre équipe, il en ressort que l'augmentation des teneurs en IL-4 et IL-10 soit lié à l'exacerbation de l'infection et à d'autres complications (Meziuog, 2002 ; Amri, 2005 ; Ait Aissa et *al.*, 2006).

### 3- Production du monoxyde d'azote (Nitrites/Nitrates) :

L'expression importante du NO a été observée également *in vivo* et *in vitro* après induction par les deux antigènes majeurs du liquide hydatique, la F5 et la F4 (Touil-Boukoffa, 1998 ; Amri, 2005 ; Amri et *al.*, 2005 a ).

Une régulation positive cytokinique (IFN-γ) et antigénique (La F5 et la F4) est enregistrée *in vitro*. Par ailleurs, la régulation négative de l'expression de la NOSII est mise en évidence in vivo au niveau murin sous l'action de l'extrait brute de la membrane laminaire (Fig. 46, 47).

Au cours de l'hydatidose, le NO est associé à la cytotoxicité à médiations cellulaires IgE-dépendant. Ce mécanisme effecteur est modulé par les cytokines impliquées le système Mo/Mac (Touil-Boukoffa, 1998). Par ailleurs, une activité scolicide a été mise en évidence (Boutelja, 2006) et des effets toxiques sur la membrane germinative et laminaire ont été observés (Amri, 2005 ; Boutelja, 2006).

L'infestation par des protoscolex vivants sur une durée d'un mois sur le rat Wistar, une richesse en macrophages au niveau de la cavité intrapéritonéale a été observée. Il a été rapporté une expression importante de la transcription des cytokines IL-1β, TNF-α et l'induction de l'iNOS sur d'autres modèles expérimentaux (Balb/c) (Zhang et *al.*, 2003).

L'étude de la production du NO in situ chez le rat en utilisant des antigènes hydatiques (Le liquide hydatique hépatique, les protoscolex morts, l'extrait de la membrane laminaire) nous a permis de mettre en évidence de la participation active des éléments constitutifs du kyste hydatique dans la régulation (activation ou inhibition) de la NOSII (Fig. 48).

L'observation d'une réponse immunitaire de type humorale au cours de l'hydatidose caractérisée essentiellement par les Immunoglobulines, IgE, IgG4 .dont la production de ces deux derniers par l'IL4 et IL10 (Haralabis et *al.*, 1995 ; Rigano et *al.*, 1995 in Zhang et *al.*, 2003) d'autres cytokines de la voie Th2 ; IL5 et IL6 sont produits également en quantité importante (Rigano et *al.*, 1996 in Zhang et *al.*, 2003 ; Touil-Boukoffa, 1998 ; Touil-Boukoffa et *al.*, 2000a, 2000b ). IL5 est spécifiquement induite par les Ag parasitaires dans 90% des cas comparant à des contrôles dont l'étude a montré une production négative en IL5 (Rigano et *al.*, 1996 in Zhang et *al.*, 2003).

Une autre étude a montré que cette cytokine régule spécifiquement IgE et IgG4 (Rigano et *al.*, 1996 in Zhang et *al.*, 2003 ; Ortona et *al.*, 2005), et la réponse des éosinophiles (Harnandez-Pomi, 1997 in Zhang et *al.*, 2003).

Une production importante en IL-6 est observée au niveau des patients atteints d'hydatidose hépatique (Touil-Boukoffa et *al.*,1997). Cette cytokine joue un rôle majeur dans l'induction de la prolifération des cellules B qui contribue à un développement de la réponse humorale, via les cytokines de la voie Th2. Par ailleurs l'expansion de la réponse inflammatoire lié au cellules de la voie Th1 est un important mécanisme de défense de l'hôte vis à vis de métacestode (Touil-Boukoffa et *al.*, 1998 ; MC-Manus et Thompson, 2003 ; Zhang et *al.*, 2003) .

Plusieurs auteurs ont montré une infiltration cellulaire significative dans la cavité intrapéritonéale après injection des PSC chez le rat lors d'une induction expérimentale d'une infection secondaire. Cette infiltration est caractérisé initialement par : l'activation des macrophages et secondairement par : l'infiltration des éosinophiles et lymphocytes (Richards et *al.*, 1983 ; Riley et *al.*, 1986 in Zhang et *al.*, 2003).

Dans notre étude nous avons observé une relation entre les concentrations en Nitrites et l'injection des PSC morts. Cette observation indique que les PSC morts et le LH et en particulier les antigènes sont requis pour l'induction de la NOSII.

La quantification des cytokines régulatrices de cette enzyme aurait été d'un grand apport dans la compréhension du mécanisme d'induction dans le modèle que nous avons considéré (rat *Wistar*). En effet la production de ces cytokines a été largement étudiée dans le système humain par notre équipe (Touil-Boukoffa et *al.*, 1997 ; Mezioug, 2002 ; Ait Aissa, 2002) et montre l'implication de l'interféron- γ dans la régulation positive de la NOSII et l'implication de l'IL-4 dans la régulation négative de cette enzyme.

D'autres travaux effectués par d'autres équipes sur des systèmes murins rapportent la production accrue de l'interleukines 10, IL-4 et IL-5 sécrétés par les splenocytes détectées après une semaine post-infection (Dematteis et *al.*, 1999 ; in Zhang et *al.*, 2003).

Une production importante en TNF-α, IFN-γ et IL-6 est détecté au niveau sérique et spécifiquement IgG1 est détecté au niveau sérique ; l'IgG3 est mesuré au niveau de la cavité intrapéritonéale en utilisant des antigènes somatiques du PSC (Haralabidis et *al.*, 1995 ; Dematteis et *al.*, 1999 ; in Zhang et *al.*, 2003 ; Ortona et *al.*, 2005 ) .

Ces résultats suggèrent que la polarisation Th2 est probablement instaurée dans la réponse immunitaire précoce dans une seconde infection par les PSC de Eg contenant des Ag T-indépendant (Baz et *al.*, 1999 ; in Zhang et *al.*, 2003) .

L'IL-10 est la cytokine dominante au cours de l'infection et une faible quantité en IgM, IgG1, IgG2a et IgG3 sont détectées dans la phase primaire et une quantité plus importante est observée après 6 mois dans le système murin (Pater et al, 1998 in Zhang et al, 2003). Ces données montrent encore une fois qu'au niveau du système humain également une régulation cytokinique est impliquée aussi bien en amont de la réponse immunitaire en particulier lors de la réponse innée et/ou dans l'initiation de la réponse adaptative en particulier au niveau de la phase effectrice dans la commutation isotypique (Emery et *al.*, 1996 ; Bauder et *al.*, 1999 ; in Zhang et *al.*, 2003).

L'activation du système macrophagique observée dans ce modèle est en adéquation avec les teneurs de NO que nous avons dosé dans notre modèle expérimental animal.

L'étude de la production des monokines et du NO in situ au niveau des ascites dans ce modèle aurait été d'un apport certain.

## Conclusion

Au terme de notre travail, il en ressort que les deux biomolécules testées (TNF-α et NO) sont étroitement impliquées dans la modulation de la réponse immunitaire anti- *Echinococcus granulosus*.

Aussi nous relevons les points suivants :

- ✓ La régulation de l'induction de la NO synthase inductible (NOS II) par les effecteurs antigéniques : la fraction 5 (67 kDa) et la fraction 4 (12 kDa). Toutefois, notre étude a montré une localisation plus élargie de ces deux fractions avec une concordance de l'identité biochimique et de l'activité immunologique.

- ✓ La régulation positive de la NOS II par des effecteurs cytokiniques : le TNF-α et l'IFN-γ. Par ailleurs, nous avons noté avec intérêt que l'activité de ces deux cytokines est liée à la charge antigénique et le stade clinique.

- ✓ La régulation négative de la NOS II est sous le contrôle de la membrane laminaire. Cette dernière aurait des conséquences sur la diffusion du monoxyde d'azote (NO) vers le liquide hydatique.

Ces observations constitueraient des arguments favorables à l'hypothèse de l'instauration d'un mécanisme d'échappement.

## Conclusion

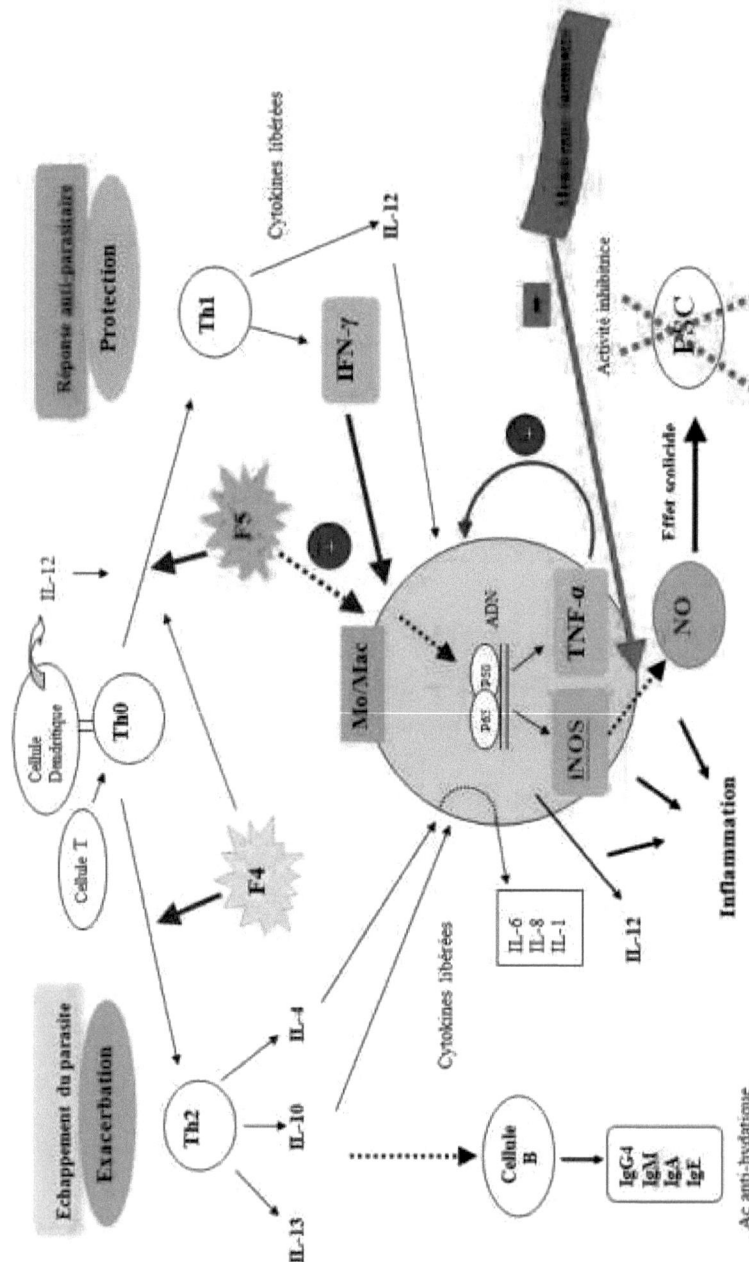

La régulation de l'expression de la NOS II (iNOS) et adaptation parasitaire au cours de l'échinococcose humaine

# Références bibliographiques

*A*FEP. (1997). Association Française des Enseignants de parasitologie-Mycologie. ANOFEL ; 6$^{ème}$ Edition.

*A*ït Aïssa, S., Amri, M., Boutelja, R., Wietzerbin, J. and Touil-Boukoffa, C. (2006). Alteration in interferon-gamma and nitric oxide levels in human Echinococcosis. Cellular and Molecular Biology. **52**, 65-70.

*A*ït Aïssa. (2002). Contribution à l'étude de l'induction de la NO synthase II au cours de l'hydatidose humaine: Rôle de l'interféron et de l'interleukine-4 sur la production du monoxyde d'azote. Thèse de magister en biochimie-immunologie FSB-USTHB.

*A*mri, M., Mezioug, D. Ait Aissa, S. et Touil-Boukoffa, C. (2005a).Purification de deux antigènes de échinococcose humaine par gel filtration et chromatographie d'affinité : impact sur la production de l'IL-8, IL-12 et le NO.J.Soc. alger.Chim. **15(2)**, 187-194.

*A*mri,M., Wietzerbin,J., Ait Aissa, S., Bouteldja, R., Touil-Boukoffa,C. (2005b). Nitric oxide-medited antihydatique activity in human peripheral blood mononuclear cells induced by gamma interferon and the parasite itself. Cell research. **15 (10)**, 272.

*A*mri,M. (2005) Etude de l'effet synergique ou additionnel de deux fractions antigéniques solubles et/ou de l'IFN-γ sur la production d'interleukines-12, d'interleukine-8 et du monoxyde d'azote sur culture de PBMC préparées à pârtir de sang de patients atteints d'hydatidose : Perspective d'une stratégie anti-hydatique. Thèse de magistère en biochimie-immunologie. FSB-USTHB.

*A*lain,P. Gobert, Silla Semballa, Sylvie Daulouede, Sophie Lesthelle, Murielle Taxile, Bernard Veyret and Philippe Vincendeau. (1998).Murine macrophages use oxygen- and nitric oxide-dependent mechanisms to synthetisize S-nitoso-albumin and to kill extracellular trypanosomes. Infection and immunity. **66 (9)**, 4068 - 4072.

*A*lain,P. Gobert, A.P., Dauloued, S., Lepoivre, M., Boucher, J. L.,Bouteille, B., Buguet, A., Cespuglio, R., Veyret, B et Vincendeau, P. (2000). L-arginine availability modulates local nitric oxide production and parasite killing in experimental Trypanosomiasis. Infection and immunity. **68**, 4653-4657.

*A*kira ,Ito ; Liang, MA. ; Peter,M ; Schantz ; Bruno Gottestein ; Yue-Han Liu ; Jun-Jie Chai ; Samik Abdel-Hafez ; Nazmiye Altintas ; Durga D .Joshi ; Marshal ,W ; Linghtowlers ; et Zbigniew ;S.Pawloski. (1999).Differencial serodiagnostic for cystic and alveolar echinococcosis using fractios of *Echinococcus granulosus* cyst fluid (antigen B) and *Echinococcus multilocularis* protoscolex (EM 18).Am.J.Trop. Med. Hyg. **60(2)**, 188-192.

*A*lvaro Diaz, Antony, C., Willis, and Robert B. Sim. (2000).Expression of the proteinase specialized in bone resorption, cathepsin K, in granulomatous inflammation. Molecular Medicine. **6(8)**, 648-659.

*A*ggarawall,B.B ; Essalu, T.E et Hassa,P.E.(1985). Characterization of receptors for human tumor necrosis factor and their regulation by interferon-γ.Nature. **318**, 665-667.

*A*llain, P. (2004) .Les médicaments .3$^{ème}$ Edition.

## Références bibliographiques

*A*miri, P., Locksley, R.M., Parslow, T. G. , Sadick, M. rector, E. Rotter, D. et Mc Kerrow, J.H. ( 1992). TNF-α restores granulomas and induces parasitic egg laying in schistosome-infected SCID mice. Nature. **356**, 604-607.

*A*mparo Andrade,M. Mar Siles-Lucas, Elsa Espinoza, Luis Perer, J. Arellano, Gottestin, B. and Muro,A. (2004). Echinococcus multilocularis laminated layer-component and the E14t 14-3-3 recombinant protéine decrease NO production by activated rat macrophages in vitro. Nitric oxide. **10** (3), 150-155.

*A*ndersen,FL ; Ouhellief,H ; Kachanie,M.(1997).Compendium on cystic Echinicoccosis : in Africain in meddele Eastern Contries with special reference to Morocoo. Brigham young university print services.provo. UT.**84602**, USA, 85-118.

*A*renzana-Sceisdedos, F., Mogensen, S. C., Venillier, F., Fiers et Virelizier, J L. (1988). Autocrine secretion of tumor Necrosis factor under the influence of interferon-γ amplifies HLA-DR gene induction in human monocytes. Proc Natl. Acad. Sci USA. **85**, 6087.

*A*ugusto, O., Bonini, M. G.., Amanso, A.M., Linares, E., Santos, C.C., De Menezes, S.L. (2002). Nitrogen dioxide and carbonate radical anion: two emerging radicals in biology. Fee Radical in Biology and Madcine. **32**, 841-859.

*B*azan, J.F. (1990). Anovel family of growth factor receptors: a common binding domain in the growth hormone, prolactin, erythropoietin and IL-6 receptors, and the p75 IL-2 receptor beta-chain. Biochem. Biophys. Res. Commun. **164**, 788-795.

*B*ach, I.F ; Chatenoud, L. (2002). Immunologie.142-167. 4$^{ème}$ edition, Flammarion-Paris.

*B*arkett M, Gilmore TD. (1999).Control of apoptosis by Rel/NF-kappaB transcription factors. Oncogene. **18**, 6910-6924.

*B*aldwin AS Jr. (1996). The NF-kappa B and I kappa B proteins: new discoveries and insights. Annu Rev Immunol. **14**, 649-83.

*B*elkaid,M ; Hamrioui,B ; Oujida,M ; Tabet-Derrazo,O.(1993).Le diagnostic indirect de l'hydatidose. Etude comparée de six techniques sérologiques. Arch.inst, Pasteur, d'Algérie. **54**, 81-83.

*B*ernard, B. (1998). L rôle du NO dans l'apoptose. Euro Conference on cytokines.

*B*entires-Alj M, Dejardin E, Viatour P, Van Lint C, Froesch B, Reed JC, Merville MP, Bours V. (2001). Inhibition of the NF-kappa B transcription factor increases Bax expression in cancer cell lines. Oncogene. **20**, 2805-13.

*B*oue, H ; Chanton. (1974).Biologie animale Zoologie 1.1 ; invertebrés. Editeur. Doin. 324-329.

*B*radford, M.M. (1976). A rapid sensitive method for quantitation of microgram quantities of protein utilising the principal of protein.Ann. Immunol. **125c**, 775-788.

*B*outelja, R. (2006). Etude des effets du monoxyde d'azote exogène et du peroxynitrite sur culture de scolex et de PBMC de patients. Incidence de l'utilisation d'un agent anti-hydatique « le praziquantel » et de la L-arginine sur ces effets. Thèse de magistère en biochimie-immunologie. FSB-USTHB.

*B*uttari, B., Profumo E, Mattei V, Siracusano A, Ortona E, Margutti P, Salvati B, Sorice M, Rigano R.(2005).Oxidized beta2-glycoprotein I induces human dendritic cell maturation and promotes a T helper type 1 response. Blood. **106(12)**, 3880-7.

Références bibliographiques

Capron, A. (1995). Le language moléculaire des parasites. Med / Sci. **3** (11), 431-439.

Colasanti, M. Gradoni, L. Mattu, M. Persichini, T. Salvati, L. Venturini, G.et Ascenzi, P. (2002). Molecular bases for the anti-parasitic effet of NO (review). International journal of molecular medicine. **9**, 131-134.

Cavaillon,J-M et Haeffner-Cavaillon,N.1993.Cytokines et inflammation .

Rev.Part. **43(5)**, 547-552.Ciechanover A. (1998). The ubiquitin-proteasome pathway: on protein death and cell life. EMBO J. 177161-60.Chen, G. et Goeddel, D.V.(2002). TNFR I signaling: a beautiful pathway. Science. **296 (5573)**, 1634-1635.

Cherwinski HM, Schumacher JH, Brown KD, Mosmann TR. (1987). Two types of mouse helper T cell clone.III. Further differences in lymphokine synthesis between Th1 and Th2 clones revealed by RNA hybridization, functionally monospecific bioassays, and monoclonal antibodies. J Exp Med. **166**, 1229-44.

Christian. Ripert.(1996).Epidémiologie des maladies parasitaires. Protozoozes et helminthoses réservoirs, vecteurs et transmission . Helminthoses, Tome 2. Editions médicales internationales. 273-309.

Cohen J. (1993) T cell shift: Key to AIDS therapy ? Science. **262**, 175-6.

Cornel Badorff, MD, Stefanie Dimmeler, PhD. (2003). NO balance: regulation of the cytoskeleton in congestive heart failure by nitric oxide.Circulation, 107, 1348.

Cox, F.E.G. et Liew, E.Y. (1992). T cell subsets and cytokines in parasitic infections. Parasitology today. **8 (11)**, 371-374.

Crepel, F. et Lemaire, G. (1995). Le monoxyde d'azote .Med. Sci . **11**, 1639-1642.

Dalton DK, Pitts-Meek S, Keshav S, Figari IS, Bradley A, Stewart TA. (1993). Multiple defects of immune cell function in mice with disrupted interferon-g genes. Science. **259**, 1739-42.

Dai,J.W. Andreas Waldvogel, Thomas Jungi , Marianne Stettler et Bruno Gottstein. (2003). Inducible nitric oxide synthase deficiency in mice increases resistance to chronic infection with *Echinococcus multilocularis*. Immunology. 108, 238.

Dai, J.W. Andrew Hemphill, Andreas Waldvogel, Katrin Ingold, Peter Deplazes, Horst Mossmann, and Bruno Gottstein. (2001).Major carbohydrate antigen of Echinicoccus multilocularis induces an immunoglobulin G response independent of αβ+ CD4+ T cells. Infection and immunity.69 (10), 6074-6083.

Declercq W, Denecker G, Fiers W, Vandenabeele P. (1998) Cooperation of both TNF receptors in inducing apoptosis: involvement of the TNF receptor-associated factor binding domain of the TNF receptor 75. J Immunol. **161**, 390-9.

DeMeester SL, Buchman TG, Qiu Y, Jacob AK, Dunnigan K, Hotchkiss RS, Karl I, Cobb JP. (1997) Heat shock induces IkappaB-alpha and prevents stress-induced endothelial cell apoptosis. Arch Surg. **132**, 1283-7.

Denis, M. (1991). Tumor Necrosis facto rand granulocyte macrophage-colony stimulationg factor stimulate human macrophages to restrict growth of virulent *Mycobacterium avium* and to kill avirulent

Références bibliographiques

*M avium* : Killing effector mechanism depends of the reactive nitrogen intermediates. J Leu. Biol, **49**, 380-387.

Develoux, M.(1996). L'hydatidose en Afrique en 1996 ; aspect épidémiologiques. Med. Trop. **56**, 177-183.

Drapier, J.C., Wietzerbin, J. et Hibbs, JrJB. (1988). Interferon-γ and tumor necrosis factor induce the L-arginine-dependant cytotoxic effector mechanism in murine macrophage effector cells. J. Immunol. **18**, 1587-1592.

Drapier, J.C. (1997).Nitrite oxyde a vital poison inside the immune response and inflammatory network.Res. Immunol. **146**, 664-670.

Dugas, P.E., Mossalayi,D., Sarfati,M., Yamaoka,K., Aubry,J.P., Bonnefoy,J.Y., Dugas, B et Kolb, J.P. (1995). Evidence for a role of FCεRII/CD23 in IL-4 induced NO production by mononuclear phagocytes. Cellular immunology. **163**, 314-318.

Eckert, J. and DeplazesPeter. (2004). Biological, epidemiological, and clinical aspects of Echinococcosis, a zoonosis of increasing concern. Clinical microbiology Reviews. **17 (1)**,107-135.

Emery JG, McDonnell P, Burke MB, Deen KC, Lyn S, Silverman C, Dul E, Appelbaum ER, Eichman C, DiPrinzio R, Dodds RA, James IE, Rosenberg M, Lee JC, Young PR. (1998) Osteoprotegerin is a receptor for the cytotoxic ligand TRAIL. J Biol Chem. **273**, 14363-7.

Euzeby,J. (1971).Les échinococcoses animales et leur relations avec les échinococcoses de l'homme .Edition. Vigot,frères. 159.

Fang, F.C.(1997).Mecanisms of nitric oxide-related antimicrobi activity. J. Clin-Inverst. **99 (12)**, 2818-2825.

Fernandez, C. William, F. Gregory, P'ng Loke, Rick M. Maizels. (2002). Full- length-enriched cDNA libraries from *Echinococcus granulosus* contain separate populations of oligo-capped and trans-spliced transcripts and a high level of predicted signal peptide sequences. Molecular and biochemical parasitology. **122**, 171-180.

Field EH, Rouse TM, Fleming AL, Jamali I, Cowdery JS. (1992). Altered IFN-g and IL-4 pattern lymphokine secretion in mice partially depleted of CD4 T cells by anti-CD4 monoclonal antibody. J Immunol. **149**, 1131-7.

Fotiadis, C. ; Sergiou, J. Kirou, TH. Troupis, J. Tselentis, P. Doussaitou, V.G. Gorgoulis and Sechas, M.N. (1999).Experimental echinicoccus infection in the mouse model : pericystic cellular immunity reaction and effects on the lymphoid organs of immunocompetent and thymectomized mice *In vivo*. **13**, 541-546.

Fiers W. (1991). Tumors Necrosis factors: Charactérisation at the molecular, cellular and in vivo level. FEBS.Letters, **2**, 199-212.

Friere T. Fernandez, C. Chalar, C. Maizels, Rick M. Alzari,P. Osinaga, E. and Robello, C. (2004).Characterization of a UDP-N-acetyl-D-galactosamine : polypeptide N-acetylgalactosaminyltransferase with an unusual lectin domain from the platyhelminth parasite *Echinococcus granulosus*. Biochem. J. **382**, 501-510.

Références bibliographiques

Franitza, S., Hershokoviz, R., Kam, N., Lichtenstein, N., Vaday, G.g., Alon, R. et Lider, O. (2000). TNF-α associated with extracellular matrix fibronectin provides a stopp signal for chemotactically migrating T cells. J. Immunol. **165**: 2738-2747.

Galanaud,P. (1993). Les cytokines. Rev. Prat. **43 (5)**, 533-535.

Gajewski TF, Pinnas M, Wong T, Fitch FW. (1991) Murine Th1 and Th2 clones proliferate optimally in response to distinct antigen-presenting cell populations.J.Immunol.**146**, 1750-8.

Garthwaite, J et Boulton, C.L. (1995).Nitric oxide signaling in the central nervous system. Ann. Rev Physiol, **57**, 685-706.

Guenane, H. (2002). Immunoréactivité des patients (isotype IgG) et rechèrche des cytokines marqueurs (Th1/Th2) et NO au cours des manifestations ophtalmiques du syndrome de Behcet.
Thèse de Magistère Biochimie-Immunologie.ISN-USTHB.

Guenane, H. Hartani, D. Chachoua, L. Lahlou-Boukoffa, O.S. Mazari, F. Touil-Boukoffa, C. (2006). Production des cytokines Th1/Th2 et du monoxyde d'azote au cours de l'uvéite « Behçet » et de l'uvéite « idiopathique ». J.Fr. Ophtalmol. **29(2)**, 146-152.

Genetet, M. (1997).Immunologie. 3$^{ème}$ Ed.EM.

Gerondakis S, Grumont R, Rourke I, Grossmann M. (1998).The regulation and roles of Rel/NF-kappa B transcription factors during lymphocyte activation. Curr Opin Immunol.**10**, 353-9.

Ghosh, Sanjukta Sandip Bhattacharyya, Madhumita Sirkar, Gouri Shankar Sa, Tanya Das, Debashis Majumdar, Syamal Roy, and Subrata Majumdar. (2002). *Leishmania donovani* Suppresses Activated Protéin 1 and NF-kB Activation in Host Macrophages via Ceramide Generation: Involvement of Extracellular Signal-Regulated Kinase.Infect. Immun.**70 (12)**, 6828-6838.

Gottstein, B. (2001). Major tropical syndromes by body system: systemic infections hydatid disease.

Gottstein Brono.(2002). Hydatid disease. Paris : who/Oie. 20-71.

Giulivi, Cecilia. (1998) .Functional implications of nitric oxide produced by mithochondria in mitochondrial metabolism. Bichem J. **332**, 673-679.

Gui-jie Feng, Helen S. Goodridge, Margaret M. Harnett, Xiao-Qing Wei, Andrei V. Nikolaev, Adrian P. Higson, and Foo-Y. Liew. (1999). Extracellular Signal-Related Kinase (ERK) and p38 Mitogen-activated protein (MAP)Kinases Differentially Regulate the Lipopolysaccharide-Mediated Induction of Inducible Nitric Oxide Synthase and IL-12 in Macrophages: *leishmania* Phosphoglycanes Subvert Macrophage IL-12 Production by Targeting ERK MAP Kinase. J. Immunol. **163**, 6403-6412.

Guoyao Wu, Ph.D. (2005).Nutritional regulation of NO synthesis and its implications for health.Texas, USA. 77843-2471.

Gupta S. (2003). Molecular signaling in death receptor and mitochondrial pathways of apoptosis (Review). Int J Oncol. **22**, 15-20.

Guttridge DC, Albanese C, Reuther JY, Pestell RG, Baldwin AS Jr. (1999). NF-kappaB controls cell growth and differentiation through transcriptional regulation of cyclin D1. Mol Cell Biol. **19**, 5785-99.

Haralabis, S., Karagouni, E., Fryda, S. et Dotsika, E. (1995). Immunoglobulin and cytokines prifile in murine secondary hydatidosis. Parasite Immunol, **17 (12)**, 625-630.

Hamblin, A.S. (1993). Cytokines and cytokine receptors. Ed: IRL. In Press.

## Références bibliographiques

*H*amrioui, B. (1986).Etude des composants du liquide hydatique, leur apport en hydatologie. Thèse de doctorat en science médicale. Algérie.

*H*amrioui, B,, Ovlaque, G., Belkaid, M. et Capron, M. (1988). Caractère physicochimique de la fraction 5 du liquide hydatique.Arch. Inst. Paste. Alg . **56**, 154-129.

*H*ellin AC, Bentires-Alj M, Verlaet M, Benoit V, Gielen J, Bours V, Merville MP. (2000). Roles of nuclear factor-kappaB, p53, and p21/WAF1 in daunomycin-induced cell cycle arrest and apoptosis. J Pharmacol Exp Ther. **295**, 870-8.

*H*olmes-McNary M, Baldwin AS Jr. (2000). Chemopreventive properties of trans-resveratrol are associated with inhibition of activation of the IkappaB kinase. Cancer Res. **60**, 3477-83.

*H*ou, Y.-C, Janczuk,A. and Wang, P.G.(1999).Current trends in the developement of nitric oxide donors.Current pharmaceutical design. **5**, 417-441.

*H*ouin,R ; Flisser,A ; Liance,M.(1994). Cestodes larvaires : Cestodoses larvaires.
Encyclopédie chirurgicaux-médical . **8**, 511-10.

*H*sieh CS, Macatonia SE, Tripp CS, Wolf SF, O'Garra A, Murphy KM. (1993) Development of Th1 CD4+ T cells through IL-12 produced by listeria-induced macrophages.Science.260, 547-9.

*H*su H, Xiong J, Goeddel DV. (1995). The TNF receptor 1-associated protein TRADD signals cell death and NF-kappa B activation. Cell. **81**, 495-504.

*I*dehman, S. Verdetti,J. (2000).Endocrinologie et communications cellulaires. Collection Grenoble. Edition .EDP sciences, 96-117.

*I*noue T, Asano Y, Matsuoka S, Furutani-Seiki M, Aizawa S, Nishimura H, Shirai T, Tada T. (1993). Distinction of mouse CD8+ suppressor effector T cell clones from cytotoxic T cell clones by cytokine production and CD45 isoforms. J Immunol, **150**, 2121-8.

*I*rigoin, F., Ferreira,F., Fernandez,C., Robert B.Sim, and Alvaro Diaz.(2002). Myo-inositol hexakisphosphate is a major component of an extracellular structure in the parasitic cestode *Echinococcus granulosus*. Biochchem.J. **362**, 297-304.

*J*aramillo, M., Naccache, P.h. et Olivier, M. (2004). Monosodium urate crystals synergize with IFN-γ to generate macrophage nitric oxide: involvement of extracellular signal-regulated kinase 1/2 and NF-kB. J. Immunol. **172**, 5734-5742.

*J*ones,MK. Zhang,LH. Leggatt,GR. Stenzel,DJ. MC Manus,DP.(1996).The ultrastructural localisation of *Echinococcus granulosus.*antigen. Parasitology. **113**, 213-222.

*K*aminski, A. Backhaus Pohl, C. Sponholz, C. Ma, N. Stamm, C. Vollmar, B, and Steinhoff, G. (2004).Up-regulation of endothelial nitric oxide synthase inhibits pulmonary leukocyte migration following lung ischemia-reperfusion in mice.American Journal of pathology. **164** (6).

*K*anwar,J.R. Vinayak,V.K.(1993).Isolation et immunochemical characterization of diagnostically relevant antigens of *Echinococcus granulosus*. Indian.J.Med.Res. **97**, 75-82.

*K*arin M, Lin A. (2002). NF-kappaB at the crossroads of life and death. Nat Immunol. **3**, 221-7.

*K*ataoka T, Budd RC, Holler N, Thome M, Martinon F, Irmler M, Burns K, Hahne M, Kennedy N, Kovacsovics M, Tschopp J. (2000).The caspase-8 inhibitor FLIP promotes activation of NF-kappaB and Erk signaling pathways. Curr Biol. **10**, 640-8.

Références bibliographiques

Kerwin JF. Lancaster JR. Feldman PL. (1995).Nitric oxide : a new paradigm for secon messengers. J Med Chem. **38**, 4343-62.

Klots, F ; Nicolas, X ; Debonne, JM ; Garcia, JF, Andreu, JM. (2000). Kystes hydatiques du foie. Hépatologie. **7-023-A-10**. 16p.

Koepp DM, Harper JW. (1999). Elledge SJ. How the cyclin became a cyclin: regulated proteolysis in the cell cycle. Cell. **97**, 431-4.

Krueger A, Baumann S, Krammer PH, Kirchhoff S. (2001). FLICE-inhibitory proteins: regulators of death receptor-mediated apoptosis. Mol Cell Biol. **218**, 247-54.

Larbaoui et Alloula,R.(1979).Etude épidémiologique de l'hydatidose en Algérie : résultat de deux techniques rétrospectives portant sur 10 ans . Tunisie médicale. **57**, 318-326.

Lancaster JR. (1994). Stimulation of the diffusion and reaction of endogenously produced nitric oxide. Proc Natl Sci USA. **918**, 137-41.

Li ZW, Chu W, Hu Y, Delhase M, Deerinck T, Ellisman M, Johnson R, Karin M.(1999).The IKKbeta subunit of IkappaB kinase (IKK) is essential for nuclear factor kappaB activation and prevention of apoptosis. J Exp Med. **189**, 1839-45.

Liance Martine.(2000). Les échinococcoses. Annales de l'institut pasteur ; Paris. 183-195.

Lightowlers,M.W. Liudy ; Haralambous.A.Richard,MD.(1989).Subunit composition and specificity of the major cyst fluid antigens of *Echinococcus granulosus*. Mol.biochem. parasitol. **37(2)**, 171-182.

Liu X, Kim CN, Yang J, Jemmerson R, Wang X. (1996). Induction of apoptotic program in cell-free extracts: requirement for dATP and cytochrome c. Cell. **86**, 147-57.

Lopamudra Das, Neeta Datta, Santu Bandyopadhyay, and Pijush K. Das. (2001).Successful Therapy of Lethal Murine Visceral Leishmaniasis Involves Up-Regulation of Nitric Oxide and a Favorable T Cell Response.J. Immunol.**166**, 4020-4028.

Lydyard,P.M ; Whalan, A et Fanger, M.W.(2002). L'essentiel en immunologie. Editions BERTI.

Margutti, P., Profumo, E., Buttari, B., Delunardo, F., Ioppolo, S., Ortona, E., Rigano, R., Teggi, A., Vaccari, S., Siracusano, A. (2002). Role of the immune response in human kystic Echinococcosis. Recent. Res. Devel. Microbiology. **6**, 395-401.

Man-Ying Chan, M., Adapala, N. S., Fong, F.(2005). Curcumin overcomes the inhibitory effect of nitric oxide on Leishmania. Parasitology Research. **10**.1007/s00436-005-1323-9.

Mariani SM, Matiba B, Armandola EA, Krammer PH.(1997)Interleukin 1 beta-converting enzyme related proteases/caspases are involved in TRAIL-induced apoptosis of myeloma and leukemia cells. J Cell Biol.**137**, 221-9.

Références bibliographiques

MC-Manus,D.P et Smyth,D. (1982).Intermedialy carbohydrate métabolysm in Protoscolex of *Echinococcus granulosus* (hose and sheep strains) and *Echinococcus multilocularis*. Parasitology. **84**, 351-366.

MC-Manus,D.P P et Smyth,D. (1986).Hydatidose : chanping concept in epidemiologie and speciation .Parasitol. Today. **2 (6)**, 163-167.

MC-Manus,D.P, Thompson, R. C. (2003).Molecular epidemiology of cystic echinococcosis. Parasitology. **127**, 537-551.

Mezioug,D. (2002).Etude de la production in vivo et in vitro des cytokines marqueurs de la voie Th1/Th2 au cours de l'hydatidose humaines.Thèse de magistère en biochimie-immunologie. FSB-USTHB.

Mezioug, D. et Touil-Boukoffa, C. (2005).Apport de la chromatographie d'affinité (bleu sépharose CL-6B) dans la purification de l'interferon-gamma humain naturel. J.Soc. Chim. **15 (2)**, 205-213.

Mirjan Walker, Adriana Baz, Sylvia Dematteis, Marianne Stettler, Bruno Gottstein, Johann Schaller et Andrew Hemphill. (2003).Isolation and characterization of a secretory component of *Echinococcus multilocularis* metacestodes potentially involved in modulating the host-parasite interface.Infection and immunity. **72(1)**, 527-536.

Moalic S, Liagre B, Corbiere C, Bianchi A, Dauca M, Bordji K, Beneytout JL. (2001a). A plant steroid, diosgenin, induces apoptosis, cell cycle arrest and COX activity in osteosarcoma cells. FEBS Lett. **506**, 225-30.

Moncada, S. (1999). A possible novel pathway of régulation by murine T helper type 2 ( Th-2) celles of a Th1 cell activity via the modulation of the induction of nitric oxide synthase on macrophage. Eur J Immunol. **21**, 2489-2494.

Moulinier,C. (2003). Éléments de morphologie et de biologie. Editions médicales internationales Lavoisier. 415-422.

Mosmann TR, Coffman RL. (1987).Two types of mouse helper T-cell clone : implications for immune regulation. Immunol Today. **8**, 223.

Mosmann TR. (1991). Moore KW: The role of IL-10 in crossregulation of Th1 and Th2 responses. Immunol Today. **12**, A49-A53.

Mookerjee, Ananda; Parimal C. Sen, and Asoke C. Ghose. (2003). Immunosuppression in Hamsters with Progressive Visceral Leishmaniasis Is Associated with an Impairment of Protein Kinase C Activity in Their Lymphocytes That Can Be Partially Reversed by Okadaic Acid or Anti-Transforming Growth Factor β Antibody.Infect. Immun. **71(5)**, 2439-2446.

Murad, F. (2005). Role of the nitric oxide and cyclic GMP in cell signalling and drug development. Cell Researche, **15 (10)**, 29-30.

Références bibliographiques

Njeruh,F.M. Gathuma,J.M. Thamboh-Oeri.A.G. Okelo,G.B. (1989).Purification and partial characterization of thermostable of lipoprotein « antigen 880 » of hydatid cyst fluid (HCF).East Afr Med, J. **66(8)**, 507-511.

Nozais, J-P ; Darty,A ; Danis,M.(1996).Traité de parasitologie médicale. Edition Pradel. 147-169.

Ortona, E., Margutti P, Delunardo F, Nobili V, Profumo E, Rigano R, Buttari B, Carulli G, Azzara A, Teggi A, Bruschi F, Siracusano A. (2005). Screening of an Echinococcus granulosus cDNA library with IgG4 from patients with cystic echinococcosis identifies a new tegumental protein involved in the immune escape. Clin Exp Immunol. **142(3)**, 528-38.

Orlinick JR, Vaishnaw A, Elkon KB, Chao MV. (1997).Requirement of cysteine-rich repeats of the Fas receptor for binding by the Fas ligand. J Biol Chem. **272(28)**, 889-94.

Ortona, E , Margutti P, Delunardo F, Vaccari S, Rigano R, Profumo E, Buttari B, Teggi A, Siracusano, A. (2003a). Molecular and immunological characterization of the C-terminal region of a new Echinococcus granulosus Heat Shock Protein 70. Parasite Immunol.**25(3)**,119-26.

Ortona, E ., Rigano R, Buttari B, Delunardo F, Ioppolo S, Margutti P, Profumo E, Teggi A, Vaccari S, Siracusano A. (2003b).An update on immunodiagnosis of cystic echinococcosis. Reiew Acta Trop. **85(2)**,165-71

Ortona, E , Margutti P, Delunardo F, Nobili V, Profumo E, Rigano R, Buttari B, Carulli G, Azzara A, Teggi A, Bruschi F, Siracusano A. (2005c) .Screening of an Echinococcus granulosus cDNA library with IgG4 from patients with cystic echinococcosis identifies a new tegumental protein involved in the immune escape. Clin Exp Immunol. **142(3)**, 528-38.

O'Shea, J.J. (2000). Inhibition of Th1 immune response by glucocorticoids: Dexamethasone Selectively inhibts IL-12-induced Stat4 Phosphorylation in T Lymphocytes. J. Immunl. **164**, 1768-1774.

Pahl HL. (1999).Activators and target genes of Rel/NF-kappaB transcription factors. Oncogene. **18(6)**, 853-66.

Papoff G, Hausler P, Eramo A, Pagano MG, Di Leve G, Signore A, Ruberti G. (1999).Identification and characterization of a ligand-independent oligomerization domain in the extracellular region of the CD95 death receptor. J Biol Chem. **274(38)**, 241-50.

Park, D.R., Thomsen, A.R., Frevert, C.W., Pham, U., Skerrett, S.J., Kiener, P.A. et Liles, W.C. (2003). Fas (CD95) induces proinflammatory cytokine responses by human monocytes and monocyte-derived macrophages. J. Immunol. **170**, 6209-6216.

Paul-Eugène, N., Mossalayi, D., Sarfati, M., Yamaoka, K., Aubry, J.P. (1995).Evidence for a role pf FcRII/CD23 in the IL-4 induced nitric oxide production by normal human mononuclear phagocytes. Cell. Immunol. **163**, 314-318.

Pei XH, Nakanishi Y, Takayama K, Bai F, Hara N. (1999).Benzo[a]pyrene activates the human p53 gene through induction of nuclear factor kappaB activity. J Biol Chem. **274(35)**, 240-6.

Pierre, Cassier. Guy brugerolle. Claude, Combres. Jean, Grain.André,Raibaut. (1998).
Le Parasitisme. **336**, 108-299.

## Références bibliographiques

*P*itti RM, Marsters SA, Ruppert S, Donahue CJ, Moore A, Ashkenazi A. (1996).Induction of apoptosis by Apo-2 ligand, a new member of the tumor necrosis factor cytokine family. J Biol Chem. **271(12)**, 687-90.

*P*ouvert, CI. (1997).Les cytokines. Rev. Fr. Allego. **37 (1)**, 36-55.

*Q*adoumi, Muna; Inge Beeker, Norbert Donhauser, Martin Röllinghoff,and Christian Bogdan. (2002). Expression of Inducible Nitric Oxide Synthase in Skin Lesions of Patients with American Cutaneous Leishmaniasis.Infect. Immun .**70(8)**, 4638-4642.

*R*iches, D.W.H., Chan, E.D., Zahradka, E.A., Winston, B.W., Remigio, L.K. et Lake, F.R. (1998). Cooperative signaling by tumor necrosis factor receptors CD 120a (p55) and CD120b (p75) in the expression of nitric oxide synthase by mouse macrophages. J. Biol. Chem. **273(35)**, 22800-22806.

*R*igano, R., Profumo,E., Loppolos, S., Notargiacomo, S., Ortana, E., Teggi, A., Siracusano, A. (1995). Immunological markers indicating the effectivenesse of pharmacological treatement in human hydatid disease. Clin. Exp. Immunol. **102**, 281-285.

*R*igano.R, Profumo.E, Bruschi.F, Carulli.G, Azzara.A, Ioppolo.S, Buttari.B, Ortona.E, Margutti.P, Teggi.A ET Siracusano.A.(2001). Modulation of human reponse by *Echinicoccus granulosus* antigen B and its possible role in evading host defenses.
Infection and immunity.**69(1)**, 288-296.

*R*igano.R, Buttari B, De Falco E, Profumo E, Ortona E, Margutti P, Scotta C, Teggi A, Siracusano A. (2004).Echinococcus granulosus-specific T-cell lines derived from patients at various clinical stages of cystic echinococcosis.Parasite Immunol. **26(1)**, 45-52.

*R*ippert, C. (1998). Epidemiologie des maladies parasitaires. Tom. II. Helminthiase. 3ème Ed.EM international. 277-309.

*R*omagnani S. (1999). Human Th1 and Th2 subsets. doubt no more. Immunol Today. 12, 256.

*R*avagnan L, Roumier T, Kroemer G. (2002).Mitochondria, the killer organelles and their weapons. J Cell Physiol. **192**, 131-7.

*R*ousset, J.J. (1995). Maladies parasitaires. Ed Masson. 90-94.

*R*yan KM, Ernst MK, Rice NR, Vousden KH. (2000).Role of NF-kappaB in p53-mediated programmed cell death. Nature. **404**, 892-7.

*S*anceau, J., Merlin, G. et Wietzerbin, J. (1992). Tumor necrosis factor-α and IL-6 up regulate IFN-γ receptor gene expression in human monocytic THP-1 cells by transcriptional and post transcriptional mechanisms. J. Immunol. **149**, 1671-1675.

*S*cott P. (1993) IL-12: Initiation cytokine for cell-mediated immunity. Science. **260**, 496-7.

*S*eder RA, Boulay JL, Finkelman F, Barbier S, Ben-Sasson SZ, Le Gros G, Paul WE. (1992). CD8+ T cells can be primed in vitro to produce IL-4. J Immunol. **148(1)**, 652-6.

*S*ennequier, N. et Vadon Le-Goff,S. (1998).Biosynthèse du monoxyde d'azote (NO) : mécanisme, régulation et contrôle .Médecine science. **14(1)**, 185-95.

*S*iegel RM, Frederiksen JK, Zacharias DA, Chan FK, Johnson M, Lynch D, Tsien RY, Lenardo MJ.(2000). Fas preassociation required for apoptosis signaling and dominant inhibition by pathogenic mutations. Science. **288(2)**, 354-7.

Références bibliographiques

Shepherd, J.C., Aitken, A et Mc Manus, D.P. (1991).A protein secreted in vivo by Echinococcus granulosus inhibits elestase activity and neutrophil chemotaxis. Mol. Biochem. Parasitol. **44**, 81-90.

Shepherd, V.L et Abdohasilina, R. (1997).Cytokines receptors. P: 265-266; 270-271; 273-274. Cytokines in health and disease. $2^{nd}$ Ed. Ed: Daniel. G, Remick.

Sher, A. (1992). Parasiting the cytokine system. Nature. **356**, 505-506.

Smolen, J. E., Petersen, T. K., Koch, C., O'Keefe, S. J., Hanlon, W. A., Seo, S., Pearson, D., Fossett, M. C., and Simon, S. I. (2000) . Transendothelial migration of colon carcinoma cells requires expression of E-selectin by endothelial cells and activation of stress-activated protein kinase-2 (SAPK2/p38) in the tumor cells .*J. Biol. Chem.* **275**, 15876-15884.

Siracusano, A. Ortona, F. and Rigano,R. (2002).Molecular and cellular tools in human cystic echinococcosis.Current drug-immune, endocrine et metabolic disorders.**2**, 235-245.

Simon K. jackson. (1997). Role of lipid metabolites in the signaling and activation of macrophage cells by lipopolysaccharide.Prog. Lipid Res. **36(4)**, 227-244.

Stuehr, DJ. (1997). Structure-fonction aspects in the nitric oxide synthases. Ann Rev Pharmacol Toxicol, **37**, 339-59.

Steers. N.J.R; Rogan .M.T ET Heath. S. (2001).In-vitro susceptibility of hydatid cysts of Echinococcus granulosus ti nitric oxide and the effect of the laminated layer on nitric oxide production. Parasite immunology. **23**, 411-417.

Swain SL, McKenzie DT, Weinberg AD, Hancock W. (1988). Characterization of T helper 1 and 2 cell subsets in normal mice. J Immunol. **141(3)**, 445-55.

Swain SL, Weinberg AD, English M, Huston G. (1990). IL-4 directs the development of TH2-like helper effectors. J Immunol. **145**, 3796-3806.

Szabo, C. (2003). Multiple pathway of peroxynitrite cytotoxicity. Toxicology Letters. **140**, 105-112.

Szabo, C., Ohshima, H. (1997). DNA damage induced by peroxynitrite: subsequent biological effects . Nitric Oxide. **1**, 373-385.

Taherkhani.H, Rogon.M.T. (2000).General characterization of laminated layer of *Echinicoccus granulosus*. Irn J Med Sci. **25 (3 et 4)**, 95-104.

Takada, M. et Aggarwel, B.B. (2004). TNF activates Syk protein tyrosine kinase lesding to TNF-induced MAPK activation, NF-kB activation, and apoptosis. J. Immunol. **173**, 1066-1077.

Takeuchi T, Lowry RP, Konieczny B. (1992). Heart allografts in murine systems. The differential activation of Th2-like effector cells in peripheral tolerance. Transplantation. **53**, 1281-94.

Taherkhani.Heshmatollah.(2001).Analysis of the *Echinococcus granulosus* laminated layer carbohydrates by lecthin blotting.Iran.Biomed.J. **5(1)**, 47-51.

Thompson, R.C.A.(1984).The biology of *Echinococcus* and hydatid disease.Edited by R.C.A. Thampson . Murdoch, Wertern Australia .290.

Triving, G ; Kagan et Moises. Agosin.(1968).*Echinococcus* antigens. Bull. Org. Mond. Santé. **39**, 13-24.

Timothy, S ; Blackwell and John W. Christman.(1997).The role of Nuclear Factor-kBbbb in cytokine gene regulation. Am. J. Respir. Cell Mol. Biol. **17**, 3-9.

## Références bibliographiques

Touil-Boukoffa,C. (1986).Production, purification de IFN-γ humain naturel. Thèse de magistère en biochimie-immunologie. FSB-USTHB.

Touil-Boukoffa,C., Wietzerbin,J., Sanceau,J. et Tayebi, B. (1995). Interferon, Tumor Necrosis factor-α and ilterleukin-6 production correlates with immunoreactivity against parasitic antigen in hydatic disease . Journal of interferon et cytokines research (abstract), 15s, 206.

Touil Boukoffa,C., Sanceau, J., Bauvois, B et Wietzerbin. (1996).Presence of nitrite in sera of patients with hydatidosis correlates with circulating cytokines levels.Eur. Cyt. Network. **7 (3),** 205.

Touil Boukoffa,C., Sanceau, J., Tayebi, B. et Wietzerbin. (1997).Relationship among circulating interferon, tumor necrosis factor alpha and IL-6 and sérologic reaction against parasitic antigen in human hydatidosis.j. interferon and cytokine research. **17 (4),** 221-217.

Touil Boukoffa,C. Mézioug,D. Ait Aissa, S. Chabane,N. (2000a).Induction de l'IFN-γ sur culture de cellules périphériques mononuclées circulantes de patients atteints d'hydatidose sous l'influence de l'antigène 5. Purification de l'antigène 5.Sciences et technologie **N° 14,** 103-109.

Touil Boukoffa,C., Chabane, N., Mezioug, D., Benblidia, S., Ardjou et Wietzerbin, J. (2000b). Levels of IFN-γ, IL-12, IL-4 and IL-10 are determined in sera and supernatants of PBMC cultures from hydatid patients. Eur. Cyt. Netw. **11,** 286.

Touil-Boukoffa,C.(1998). Etude du système d'interféron et cytokines au cours de l'hydatidose humaine. Thèse de Doctorat.Biochimie-Immunologie.ISN-USTHB.

Touil-Boukoffa,C ; Bauvois,B ; Sanceau,J ; Hamrioui,B et Wietzerbin,J.(1998). Production of nitric oxide in humain hydatidosis. Relationship between nitrite production and interféron gamma levels.Biochimie. **80,** 739-744.

Touil-Boukoffa,C.(1998). Etude du système d'interféron et cytokines au cours de l'hydatidose humaine : implication de l'IFN-γ , du TNF-α, de l'IL-6 et du NO dans la réponse immunitaire anti-F5.Biochimie-Immunologie.ISN-USTHB.

Touil-Boukoffa,C., Chabane, N., et Wietzerbin, J. (1999). Production of interleukine-12 in human hydatidosis. Relationship between IFN-gamma production and IL-12 levels. J.Interferon. Cyt. Res. **19,** 155.

Torcal, M., Navarro-Zorraquino,R., Lozano,L. , Larrad,J.C., Salinas,J. ,Ferrer,J., Roman et C. Pastor.(1996).Immune response and in vivo production of cytokines in patients with liver hydatidosis .Clin Exp. Immunol. **106,** 317-322.

VouldouKalis, I., Riverosmoreno, V., Dugas, B., Ouaaz, F., Becherel, P., Debre, P., Moncada, S. et Mossalayi, M.D. (1995). The killing of leishmania major by human macrophages is mediated by nitric oxide induced after ligation of the fc epsilon RII/CD23 surface antigen. Proc. Natl. Acad. Sci. USA. **92,** 7804-7808. Wang CY, Mayo MW, Baldwin AS Jr. (1996a). TNF- and cancer therapy-induced apoptosis: potentiation by inhibition of NF-kappaB. Science. **274,** 784-7.

Wang K, Yin XM, Chao DT, Milliman CL, Korsmeyer SJ. BID. (1996b ). a novel BH3 domain-only death agonist. Genes Dev. **10,** 2859-69.

Références bibliographiques

Wei, X., Charles, I.G., Smith, A., Ure, J., Feng, G., Huang, F., Xu, D., Muller, W., Moncada, S. et Liew, F.Y.(1995). Altered immune responses in mice lacking inducible nitric oxide synthase. Nature. **375**: 408-411.

Wenbao Zhang ; Jun Li and Donald P. McManus.(2003).Concept in immunology and diagnosis of hydatid disease.Molecular Parasitology laboratory. DOI. 10.1128/CMR.16.1. 18 - 36.

Wen, H.Craig,S.P ; Itos,A. Vuitton,A.D ; Bresson-Hadni,S. Allan, C.J. ; Rogan,T.M. Paollio,E. et Shambesh,M. (1995).Immunoblot evaluation of IgG and IgG-subclass antibody respinses for immunodiagnosis of human alveolar echinococcosis. Annals of Tropical madcine and parasitology. **98 (5)**.

Xia, Y., Zweier, J.L. (1997). Superoynitrite generation from inductible nitric oxide synthase in macrophage. Proc. Natl. Acad. Sci. USA. **94**, 6954-6958.

Yamamoto Y, Yin MJ, Lin KM, Gaynor RB. (1999).Sulindac inhibits activation of the NF-kappaB pathway. J Biol Chem. **274(27)**, 307-14.

Yamamoto Y, Gaynor RB. (2001). Therapeutic potential of inhibition of the NF-kappaB pathway in the treatment of inflammation and cancer. J Clin Invest. **107**, 135-42.

Yamamoto Y, Gaynor RB. (2001). Therapeutic potential of inhibition of the NF-kappaB pathway in the treatment of inflammation and cancer. J Clin Invest. **107**, 135-42.

Yamamoto, T., Maruyama, W., Kato, Y., Yi, H., Shamoto-Nagai, M., Tanaka, M., Sato, Y., Naoi, M.(2002).Selective nitration of mitochondrial complex I by peroxynitrite: involvement in mitochondria dysfunction and cell deathof dopaminergic SH-SY5Y cells. J. Neural Transm. **109**, 1-13.

Yin MJ, Yamamoto Y, Gaynor RB. (1998)The anti-inflammatory agents aspirin and salicylate inhibit the activity of I(kappa)B kinase-beta. Nature. **396**, 77-80.

Zhang H, Xu Q, Krajewski S, Krajewska M, Xie Z, Fuess S, Kitada S, Pawlowski K, Godzik A, Reed JC. BAR. (2000). An apoptosis regulator at the intersection of caspases and Bcl-2 family proteins. Proc Natl Acad Sci U S A. **97(2)**, 597-602.

Oui, je veux morebooks!

# i want morebooks!

Buy your books fast and straightforward online - at one of world's fastest growing online book stores! Environmentally sound due to Print-on-Demand technologies.

Buy your books online at
## www.get-morebooks.com

Achetez vos livres en ligne, vite et bien, sur l'une des librairies en ligne les plus performantes au monde!
En protégeant nos ressources et notre environnement grâce à l'impression à la demande.

La librairie en ligne pour acheter plus vite
## www.morebooks.fr

 VDM Verlagsservicegesellschaft mbH
Heinrich-Böcking-Str. 6-8   Telefon: +49 681 3720 174   info@vdm-vsg.de
D - 66121 Saarbrücken   Telefax: +49 681 3720 1749   www.vdm-vsg.de

Printed by Books on Demand GmbH, Norderstedt / Germany